核兵器入門

多田将

星海社

252

SEIKAISHA SHINSHO

序

今から八〇年前に開発されながら、未だに人類最強の兵器として君臨している核兵器。そして、完成したその年に二回の実戦使用が行われて以降、実に八〇年にわたって一度たりとも実戦使用されて来なかった兵器でもあります。しかし、その八〇年間は封印され続けてきたわけではなく、「最終兵器」として、常に人類を脅かし続けてきました。このような立場にある兵器はほかに例がなく、核兵器がいかに特殊な兵器であるかを物語っています。

若い読者の方々には遠い「歴史」の話であろう冷戦期には、ソヴィエト連邦が四万発を超える、アメリカ合衆国が三万発を超える核兵器を、それぞれ保有しており、その数は現在の世界の核兵器総数よりひと桁多いものでした。そんな時代を、我々は生きてきたのです。では、それより核兵器の数がひと桁減って、その分世界は安全になったかというと、必ずしもそうとは言えない面もあります。核兵器の保有国は増え、それが使用される可能性は、むしろ高くなったとも言えるからです。そしてそれは、現在さらに高くなり続けているようにすら見えます。このような時代において、核兵器というものをもう一度見直してみよう、というのが本書を出版した目的です。

著者は、かつて、自身の代表的著作として、『核兵器』（明幸堂）を上梓しました。同書は、核兵器の原理から具体的な計算に至るまで網羅した、日本語では唯一の書籍で、自信を持ってお薦めしたい書籍です。しかし、その頂点を目指したが故に、初心者の方々には取っ付きにくい、それなりに高度な内容となってしまいました。とくに「数式を見るのも嫌」という方に手に取っていただくのは敷居が高いでしょう。そこで、もっと軽い感覚で多くの人に手にしていただきたい、との考えの下に、新たに本書を認《したた》めました。また、本書は、単なる『核兵器』の軽装版ではありません。『核兵器』が「核兵器を起爆させるにはどうしたらよいのか」をまとめた純科学書であったのに対して、本書は、「核兵器が起爆したあと、何が起こるのか」を冒頭に配し、最後に村野将先生・小泉悠先生という世界超一流の核戦略の専門家をお迎えして、世界と日本を取り巻く核環境について深いお話を伺っていることが象徴するように、「我々はこの核兵器という怪物に対してどのように向き合っていくべきか」を中心に据えています。そういう意味で、核兵器に対して科学的興味を持つ人たちだけでなく、より一般の、広い層の読者の方々が「今本当に知りたいこと」に寄った本だと言えます。

本書をお読みになられて、科学的な原理のほうに興味を持たれた方は拙著『核兵器』を、核戦略のほうに興味を持たれた方は村野先生や小泉先生のご著書を、それぞれ次のステップとして手にしていただけると、より一層、核兵器について深く知ることができます。そういう意味で、本書はタイトル通りの『核兵器「入門」』となっていると自負しております。

我が国を、そして世界を取り巻く核環境は時を追うごとに複雑化し、核問題とひとことで言っても、そう簡単ではなくなってきています。その問題を一気に解決する方法などありません。これは全人類がゆっくり時間をかけて確実に取り組まなければ解決しない問題です。そのためにも、まずは、多くの方々に関心を持ってもらい、「核兵器とはどんなものか」を知ってもらうことこそ、その第一歩だと考えています。本書がその一翼を担えれば幸いです。

多田 将

目次

第1章　原子・原子核・放射線の基礎知識

第3章

核兵器開発の歴史と核関連の兵器について

第4章

核兵器と国際政治

多田将×小泉悠×村野将

核兵器による五種類の「被害」

まずは、現代日本のどこかの都市が核兵器による攻撃を受けた場合、どんなことが起こるのかをシミュレーションしてみましょう。もしもあなたが住む町やその近くに核兵器が落とされたら、いったい何が起こるのか。あなたは助かるのか、助かるためにはどんな行動を取るべきか、シミュレーションによってみなさんに核兵器による被害を紙上体験していただこうという試みです。

最初に決めるのは、核兵器が落とされる場所、いわゆる爆心地です。今回、不幸にもその爆心地に選ばれたのは東京都文京区音羽一丁目、東京メトロ・護国寺駅にほど近い、株式会社星海社のあるビルです。本書の出版社に犠牲となってもらいます。

さて、核兵器による攻撃で大変な被害を受けることは、みなさんもよくご存じでしょう。でも、実際にどんな被害を受けるのか、もしあなたが核兵器による攻撃で死ぬとしたらどのような理由で死ぬのか、ということは意外にご存じないようです。

核兵器が爆発すると、その巨大なエネルギーは、次の五つの方法で周囲に伝わります。それは「火球（巨大な火の玉）」「熱線」「爆風」「放射線（爆発時の放射線）」「放射化物（死の灰、フォールアウト）」です。これらが届く範囲にみなさんがいて被害を受けると、負傷

序章

もしも東京に核兵器が落とされたら

したり命を落としたりすることになります。

五つのうち、火球と爆風はなんとなくわかると思いますが、熱線や放射線、放射化物についてはあまり知らない方も多いでしょう。これらについては後ほど詳しく説明します。

核兵器による攻撃があると、爆心地に巨大な火球が出現します。これは表面の温度が数千度（中心部では瞬間的に数千万度以上）になる火の玉です。そして、強烈な熱線と放射線が光の速さで周囲に広がります。もしみなさんが核兵器による火球を見たら、その際には同時に熱線と放射線を浴びてしまっています。そして少しすると、ものすごい爆風がみなさんを襲います。熱線や放射線の速度が光速なのに対して爆風は音速で広がるので、熱線や放射線より後にやって来るのです。雷が光るのを見た後にゴロゴロと雷鳴が聞こえるのと同じです。最後にもう少し時間をおいて、放射性物質である放射化物が降ってくるのです。

では、火球、熱線、爆風、放射線、放射化物は、爆心地からどのくらいの距離まで広がり、それによってわれわれにどのような影響があるのでしょうか。それは、核兵器の威力によって左右されます。したがってシミュレーションのためには、落とされた核兵器の威力がどのていどなのかを決める必要があります。

落とされる核兵器の出力を決める

今回のシミュレーションでは、北朝鮮が二〇一七年九月三日に行った地下核実験で使用した核兵器の威力（核出力）を用いることにします。これは現時点（二〇二三年二月時点）で北朝鮮が最後に実施した核実験です。この時に使われた核弾頭と同じものが星海社に落とされたという設定にするのです。

北朝鮮のような秘密主義の国が地下核実験を行った場合でも、その核出力を正しく知ることが可能です。核爆発の際に起こる地震の規模から推定するのです。二〇一七年九月三日の地下核実験によって起こった地震の規模は、観測によるとマグニチュード六・一でした。

アメリカやソ連はかつて地下核実験を何度も行い、核爆発によってどのくらいの規模の地震が起こるのかを実際に調べていました。それによると、核爆発によって生じる全エネルギーのうち、一割ほどが地震を起こすエネルギーとして使われることがわかっています。このことから、マグニチュード六・一の地震をもたらした北朝鮮の地下核実験の核出力は、一六〇キロトンと推定されました。

核出力は、TNT火薬（一般的な高性能火薬）に換算すると何トンの爆発力に相当するかで表されます。一六〇キロトンの核出力とは、TNT火薬一六〇キロトン（一六万トン）分

の爆発力を持つということです。一九四五年八月六日、広島に落とされた原子爆弾の核出力は一五キロトン、八月九日に長崎に落とされたものは二一キロトンだったと言われています。北朝鮮の核実験で使われたものは、広島型の一一倍、長崎型の七・六倍の威力を持つという計算になります。

では、一六〇キロトンの核兵器が東京・護国寺の星海社に落とされた場合に、どの範囲にどんな被害が生じるのかを見てみましょう。

もっとも致死範囲が大きいのは……

図1は、核兵器による五つの被害、すなわち火球、熱線、爆風、放射線、放射化物のうち、火球の大きさを実線で、そして放射線、爆風、熱線による「致死範囲」を点線や破線で示したものです。どれも星海社を中心に同心円で描かれています。放射化物による被害の範囲はこの地図には描かれていません。

一番中央の実線で描かれた円は、核爆発によって生まれた火球です。一六〇キロトンの核兵器が爆発した場合、火球の大きさは半径五八〇メーターです。最初は小さくて超高温で、青白い光を放ちます。それが一瞬で広がりながら温度を下げ、黄色から赤へと色が変

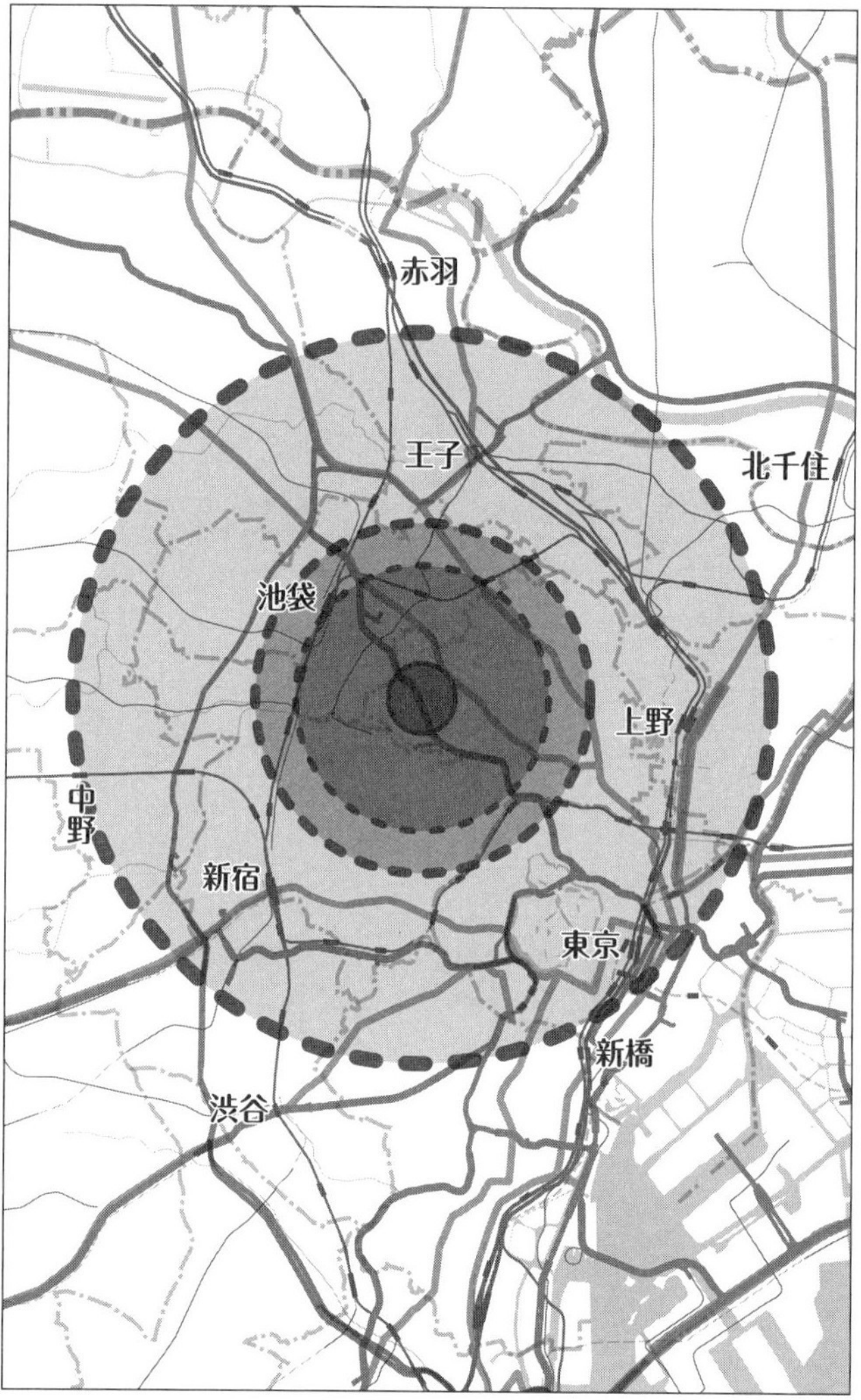

図１　星海社に160キロトンの核兵器が落ちた場合の致死範囲

化します。その最後の大きさが半径五八〇メーターのこの円になる、ということです。

火球の表面温度は数千度にも達します。したがって、もしみなさんがこの実線の円の範囲内にいたとすれば、残念ながら助かることはありません。人間の肉体などは一瞬で蒸発してしまい、後に骨さえ残らないといったことにもなります。

中心から二番目の破線の円が爆発時の放射線による致死範囲です。半径は二・一キロメーターになります。三番目の円が爆風による致死範囲で、半径二・八キロメーター。そして一番外側の円が熱線による致死範囲で、半径五・七キロメーターです。これらの数値は著者が計算によって求めました。爆風や熱線で「どれくらいの値であれば死ぬのか」という基準は後で詳しく説明します。

なお、ここでいう致死範囲とは、そこにいる人の五〇パーセントが亡くなると想定される範囲を表します。即死もあれば、致命傷を負って数時間後や数日後、あるいはもっと後に亡くなる場合もあります。

核兵器による被害というと、多くの方は放射線によるものを思い浮かべると思います。しかし致死範囲の大きさから見るともっとも怖いのは熱線で、直径では一〇キロメーターを超える範囲に及ぶのです。たった一発で東京の都心部がほぼ全部入るくらいの致死範囲

の大きさになる、これが一六〇キロトンの核兵器の威力です。

それから、この地図に放射化物による被害範囲を描いていないのは、放射化物が広がる範囲は風向きなどによって大きく変化するためです。一般に、放射化物は非常に広範囲に広がります。分子くらいの大きさの放射化物だといったん成層圏まで上り、地球規模で広まります。その後何十年もかけて、少しずつ降ってくるのです。

さて、今回は星海社が標的となりましたが、みなさんもそれぞれ自分の住んでいる地域の地図に、それぞれの致死範囲の大きさの円を描いてみてください。核兵器の恐ろしさを実感できると思います。

核兵器の二つの種類

ここからは、核兵器によって熱線や放射線、爆風などがなぜ発生するのか、それらによって人体にどのような影響が出るのかを個別に、簡単に紹介していきます。これらを知っておけば、核兵器による攻撃に対するみなさんの生存確率を上げることにきっと役立つでしょう。

最初に、核兵器の種類について話します。ご存じの方も多いでしょうが、核兵器には二

つの種類があります。核分裂兵器と核融合兵器です。

核分裂兵器は、原子力発電のしくみと同じで、すべての物質をつくっている原子の中心にある原子核が分裂する時に発生するエネルギーを利用したものです。一般には原子爆弾とよく呼ばれるもので、みなさんが核兵器と聞いてイメージするものはきっとこちらでしょう。

核融合兵器は、太陽がエネルギーを生み出すしくみと同じもので、核分裂兵器とは逆に原子核がくっつく時に発生するエネルギーを使うものです。一般には水素爆弾と呼ばれます。

この二つは別のものではなく、深い関係があります。核分裂を利用した原子力発電があっても、核融合発電がまだ実用化されていないことからわかるように、人類は現時点で、核融合をうまく使いこなせていません。人類があるていどの規模で実用化している核融合は今のところただ一種類で、それは核分裂兵器を使って起こす方法です。

核融合を起こすためには、超高温・超高圧の状態をつくりだす必要があります。太陽は地球の三三万倍の重さを持ち、自分の重さで原子核を押し込むことで、中心付近では一六〇〇万度、二四〇〇億気圧という超高温・超高圧状態になり、核融合が起こります。人間

にはそんな巨大なものをつくれないので、核分裂兵器の反応を使って核融合物質を押し縮めることで核融合に必要な状態をつくるのです。したがって、核融合兵器は単独ではつくれず、必ず核分裂兵器を搭載しています。

　核融合兵器の構造は、図2のようになっています。ピーナッツのような形で、上の部分（プライマリー）が核分裂兵器、下の部分（セカンダリー）が核融合兵器です。まず上の部分で核分裂兵器を起爆させ、それによって超高温・超高圧状態をつくりだし、下の部分の核融合兵器を起爆させるのです。

　核融合兵器は核分裂兵器よりもはるかに強力です。さきほどの一六〇キロトンという核出力は核分裂兵器だけではつくれません。北朝鮮が核実験に使用し、あのシミュレーションで星海社に落とされたものは、核融合兵器です。

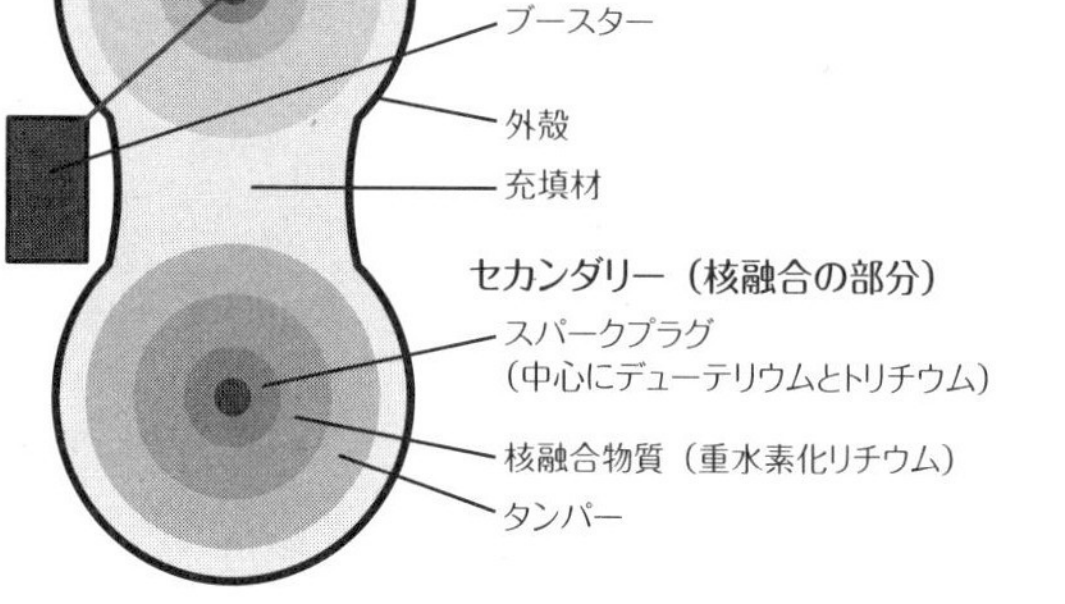

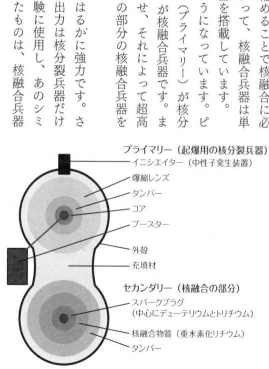

図2　テラー＝ウラム型熱核兵器の構造

核兵器から生まれる大量のX線が熱線を生む

核分裂兵器や核融合兵器がどのように爆発するのか、その動作過程については、本書の第3章でくわしく紹介します。ここでは、核兵器が爆発すると大量のX線が発生するということだけ、まずは頭に入れてください。

健康診断のX線撮影（レントゲン撮影）でおなじみのX線は、電磁波の一種です。電磁波にはX線のほかに、γ線や紫外線、可視光（光）、赤外線、電波などがあります。これらは別々のものではなく、たんに人間が波長で分類しているだけです。電磁波は波長が短いほどエネルギーが高いのですが、X線は可視光や紫外線よりも波長が短く、エネルギーが高いものです（図3）。

核兵器が爆発すると瞬間的に数千万度もの超高温状態がつくられ、原子核と電子に分かれ、高速で飛び回る「プラズマ」になります。この高速で飛び回る原子核と電子から

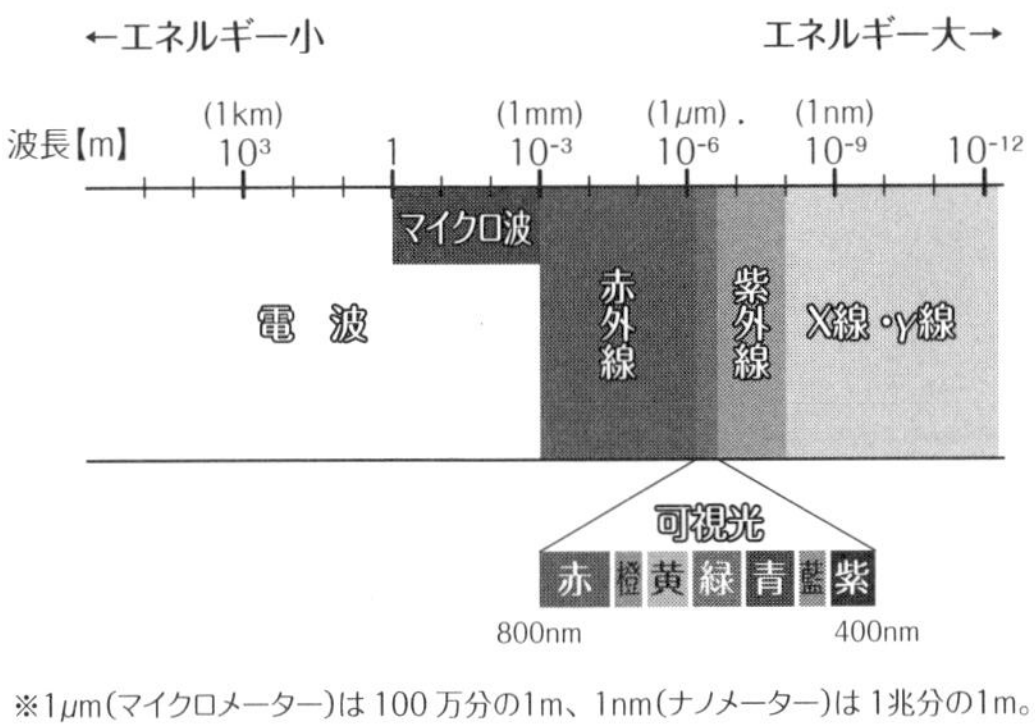

※1μm（マイクロメーター）は100万分の1m、1nm（ナノメーター）は1兆分の1m。
※それぞれの境界線は明確ではなく、一部重なっている。

図3　電磁波の波長による分類

X線が放出されます。

X線は空気中の分子（窒素分子や酸素分子など）にぶつかり、分子に吸収されます。X線を吸収した分子は、その分高いエネルギーを持ちますが、そのままではいられず、吸収したX線よりも少しだけ波長の長いX線、あるいは紫外線を放出します。

新たに放出された波長の長いX線や紫外線は、別の空気中の分子とぶつかり、吸収され、もっと波長の長い電磁波が放出されます。こうしたことが一瞬のうちに何度も繰り返されて、放出される電磁波の波長がどんどん長くなっていきます。そして可視光の波長になると、私たちの目に見えるようになります。これが火球です。

火球は最初のうち、可視光の中でも波長の短い光である青い（青白い）光を放ちます。この光も空気中の分子に吸収されて、より長い波長の光である黄色い光、さらにはもっと長い赤い光を放ちます。火球の色が、青白い色から黄色へ、そして赤い色へと変わっていき、さらに波長が長くなると、目には見えない赤外線となります。これが熱線であり、熱線は赤外線の別名です。人間の目は熱線を感知できないので、火球は見えなくなりますが、それまで火球を目にしていた人々は代わりに恐ろしい熱線を浴びることになるのです。

「鮎の炭火焼き」と熱線の関係

人間が核兵器の熱線を浴びるとどうなるか、それは「鮎の炭火焼き」を思い浮かべればわかります。

七輪に炭を入れ、串に打った鮎を炭から少し離れた場所に置いてゆっくり焼くと、ふっくらと美味しく焼き上がります。鮎と炭の間には、一見すると何もありません。炎が鮎に直接当たっているわけではないのに、鮎の表面には黒い焼き目がついていきます。炭から目には見えない熱線が出て、それが鮎を焼いているのです。

広島や長崎の被爆時の写真などで、黒焦げになった死体の様子をご覧になった方も多いかと思います。これは、核兵器が投下されて火災が起こり、その炎で焼かれたのではありません。不謹慎な表現で済みませんが、核兵器による大量の熱線を浴びて、鮎の

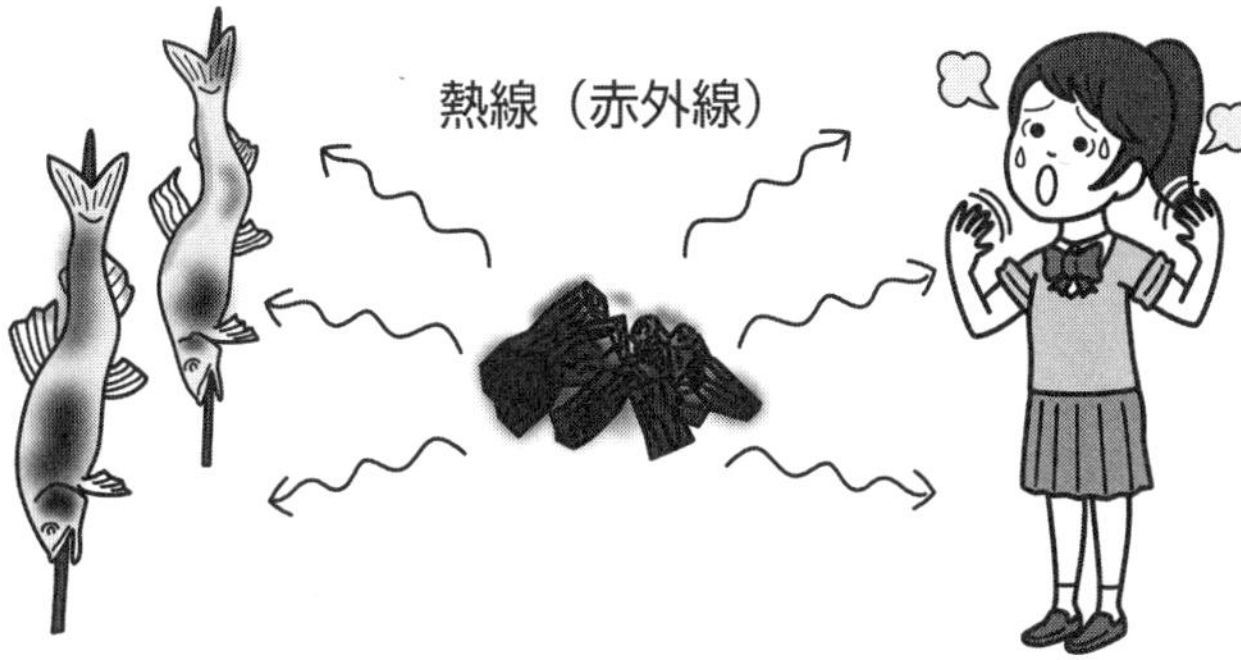

図４　熱線の効果

炭火焼きと同じように人体が焼かれてしまったのです。熱線は私たちの身の回りにあるありふれたものですが、核兵器が放出する熱線の量は桁違いなので、一瞬で黒焦げになってしまいます。また、火事だったら「火が来ている！」と認識して逃げることもできますが、目に見えない熱線ではそれもできません。原爆だから放射線を浴びて多くの人が死んだのだと思われがちですが、実際には熱線によって重度のやけど（熱傷）を負い、死んだ人がたくさんいるのです。

やけどは、皮膚組織のどの部位まで損傷されているかによって、Ⅰ度、Ⅱ度、Ⅲ度に分類されます。もっともひどいやけどであるⅢ度は、皮膚の全層、そして皮下組織まで損傷しているものです。筋肉や血管、神経もやけどでダメージを受けるので、人間が全身にⅢ度熱傷を負えば死ぬ確率は非常に高いです。

図5は、核兵器の熱線によって五〇パーセントの

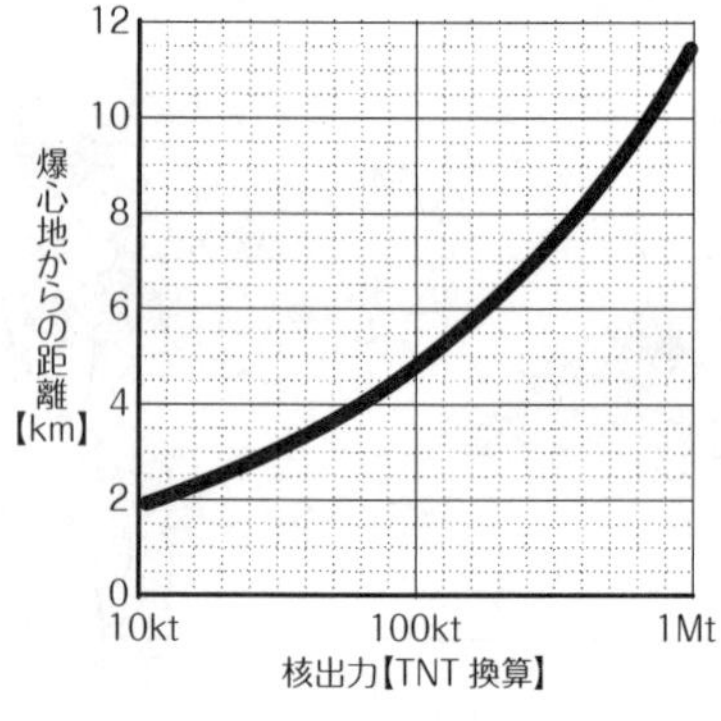

図5　熱線により50%の人がⅢ度熱傷となる範囲

人がⅢ度熱傷となる範囲を計算したものです。横軸に核出力、縦軸に爆心地からの距離を示しています。核出力が大きいほど、爆心地から遠いところでもⅢ度熱傷となる熱線を浴びることになり、致死範囲が大きくなります。シミュレーションに使った一六〇キロトンの核出力の場合、爆心地から五・七キロメーターの範囲にいる人の半数がⅢ度熱傷のやけどを負い、死ぬという計算です。放射線や爆風、放射化物よりも致死範囲がずっと広く、それだけ多くの人の命を奪うのが、核兵器の熱線です。

爆風から身を守るには「しゃがめ!」「伏せろ!」

次は、爆風による被害をくわしく見てみます。

核融合兵器を起爆させるには、超高温・超高圧状態をつくりだすことがポイントであることを話しました。この時の圧力は「数ペタパスカル(PPa)」というとんでもないものです。パスカル(Pa)は圧力の単位で、ペタは一千兆倍を表す接頭辞です。また、天気予報などで耳にする、気圧の単位で使われるヘクトパスカル(hPa)は一〇〇パスカルのことです。私たちが生活している地球の大気圧、いわゆる「一気圧」は一〇一三ヘクトパスカル(一〇万パスカル)ていどですが、核融合兵器を起爆する時に必要な圧力は数百億気圧というものすごいものなのです。

爆心地に生まれた数百億気圧という超高圧の小さなかたまりは、その周囲にある空気を押し広げ、空気はものすごい強さの風となって周囲に広がります。これが爆風です。

人間の身体は爆風に対して非常に弱いです。三五キロパスカル（kPa）の圧力が人体にかけられると、内臓の損傷により半数の人間が死ぬことが経験的に知られています。三五キロパスカル（三五〇ヘクトパスカル）、つまり大気圧に加えてさらにその三分の一の圧力をかけただけで、半数の人間は内臓が潰れて死んでしまうのです。そこで、爆風の強さを圧力の変化に換算して求めたのが、爆風による致死範囲のシミュレーションです（図6）。

ところで、北朝鮮が核ミサイルを撃ったことを想定して行われた避難訓練の様子がニュースで流れたことがありました。この時、訓練している人たちがみんなその場でしゃがんで、頭を手で覆って守って

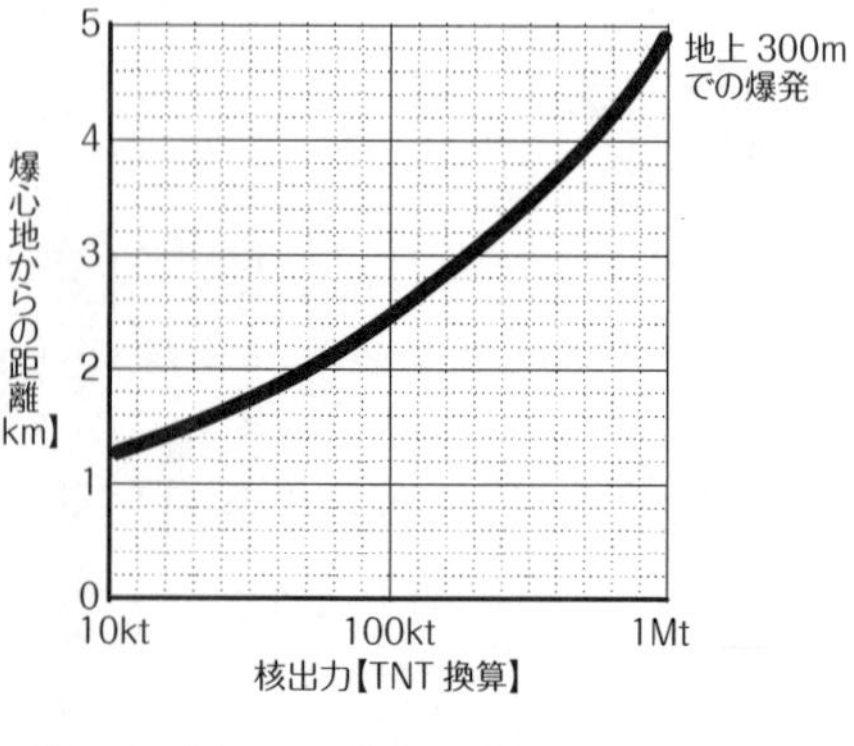

図6　爆風により大気圧＋35kPa となる範囲

いたのです。この映像を見て「核兵器が使われたのにしゃがんだってダメだろう」と思われた方が多かったと聞きましたが、とんでもない！　核兵器による爆風の被害から身を守るには立っていては駄目で、身をかがめて爆風に当たる面積をできるだけ小さくするのがいいのです。立ったままでは爆風による影響をもろに受けて大きな被害を受けてしまいます。もっといいのは、服が汚れるのをいとわず、地面にべったりと伏せることです。いきなり地面に寝転がるのは躊躇《ちゅうちょ》するという人は、しゃがむだけでもだいぶましで、立っているよりは断然いいです。

爆風による被害は風圧によって直接身体に圧力がかかるだけでなく、爆風によって建物が壊れ、建物やガラスの破片が降ってきて傷を負うことも想定されます。特にガラスはもろい上に破片としては非常

図７　爆風の避け方

に危険なので、爆風とともに猛スピードで飛んできたガラス片に当たれば、人間は命にかかわるようなけがをすることでしょう。建物やガラスの破片による致死範囲を推定することは難しいので、爆風による致死範囲の円を描く際にはそれらを考慮していません。

爆風とともに横向きに飛んでくる建物やガラスの破片から身を守る方法は、さきほどと同じです。すなわち立っているのではなく、地面に伏せることがやはり大事なのです。爆風によって自分自身が吹き飛ばされる危険性も、地面に伏せることで下げられます。爆風は音速でやって来ますので、核爆発による火の玉を見てから爆風が襲ってくるまでにはタイムラグがあります。その間に「しゃがむ」「地面に伏せる」といった行動を取ることの重要さを、ぜひ憶《おぼ》えておいてください。

放射線は人体にどんな影響を与えるか

次は放射線です。放射線は、高いエネルギーを持つ高速の粒子（粒子線）と、高いエネルギーを持つ電磁波の総称です。前者にはα《アルファ》線やβ《ベータ》線、中性子が、後者にはX線やγ《ガンマ》線があります。放射線のくわしい話は第1章でします。

核兵器といえば放射線ですが、核兵器が爆発するとX線が大量に放出されて、それが火球や熱線を生み出すことはお話ししました。X線だけでなく、核兵器の起爆時には大量の中性子も放出されます。中性子は原子核を構成する粒子の一つですが、それが高速で大量に飛び散り、周囲に広がります。

中性子の量は爆心地から遠くなるほど減ります。その理由の一つは単純に、遠くに行けば行くほど中性子の当たる範囲が広がるためです。光源から遠いほど光が弱まるのと同じで、距離が二倍になると単位面積当たりに受ける中性子の量は四分の一に、三倍になると九分の一に減ります。加えて別の理由もあって、それは中性子が核兵器をつくっていた材料（構成要素）にぶつかったり、あるいは大気中の分子にぶつかったりすると、中性子が吸収されるためです。ただし中性子を吸収した物質は、代わりに放射線であるγ線を放出します。

人間が放射線を浴びると、人体のさまざまな組織が破壊されます。放射線に弱い組織のひとつが造血組織（骨髄やリンパ節など）で、ここが壊されると新たに血液をつくれなくなるので死んでしまいます。また、細胞中のDNAが放射線で傷つくと、細胞分裂ができなくなります。人間の身体は神経細胞など一部を除いて、細胞分裂によって新しい細胞に入れ替わることで機能を維持しています。ですから細胞分裂ができなくなれば細胞の機能が維持できなくなり、死んでしまうのです。

人間は七グレイ（Gy）の放射線を浴びると九割以上の人が死に、四・五グレイでは半数くらいが死ぬと言われています。グレイは放射線が人やものに当たった時、どのくらいのエネルギーを与えたかを示す単位で、第1章でより詳しく触れます。

では、核爆発時の放射線（初期放射線ともいいます）は、爆心地からの距離によってどれ

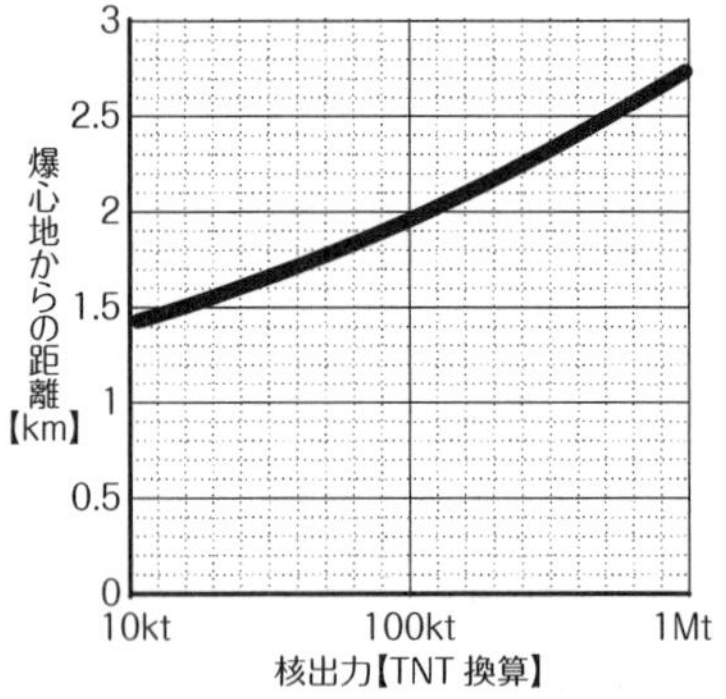

図 8　4.5Gy の放射線を浴びる範囲（中性子＋γ線）

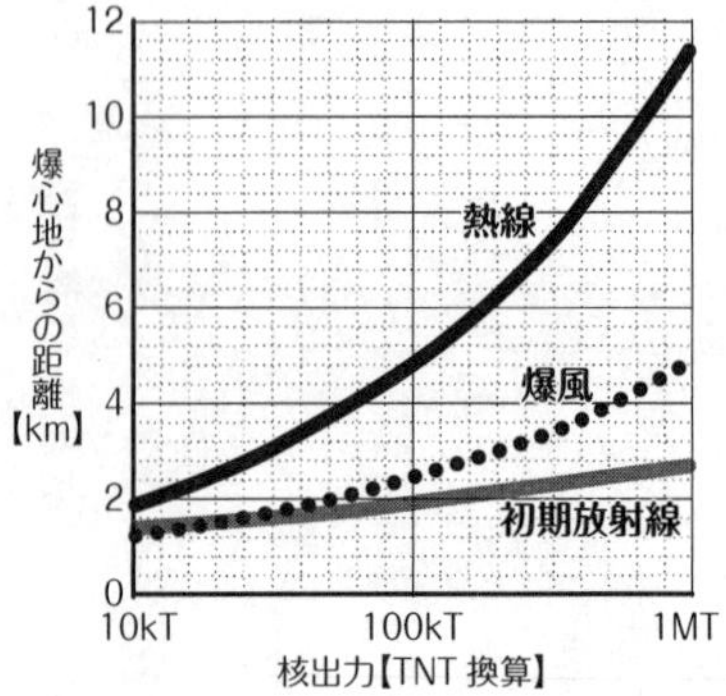

図 9　熱線、爆風、初期放射線による致死範囲

くらいの線量になるのでしょうか。これを求めようとすると、大気による中性子の減衰効果などを計算する必要があって非常に複雑なのですが、それを計算したものがこのグラフです。半数の人が死ぬ四・五グレイの放射線を浴びる範囲が、核出力によってどう変化するかを示しています。なお、放射線量は中性子とγ線を合計したものになっています。

熱線、爆風、そして放射線（爆発時の初期放射線）の三つによる致死範囲のグラフを一枚にまとめたものもご覧ください。放射線よりも爆風のほうが、さらに熱線のほうが、致死範囲が広いことがわかります。

二種類の「フォールアウト」の違い

最後に放射化物、いわゆる「死の灰」についてです。さきほどの放射線は爆発の瞬間に放出される初期放射線です。一方で放射化物は、放射線を出す放射性物質が後から降ってくるもので、フォールアウト（放射性降下物）とも呼ばれます。

フォールアウトには、遅延フォールアウトと初期フォールアウトの二種類があります。遅延フォールアウトは、核分裂の後にできる放射性の生成物などが降ってくるものです。ウランが核分裂をすると核分裂生成物がつくられます。原子力発電の原子炉では、核燃料が核分裂を起こした後で放射性廃棄物ができますが、それと同じものです。また、中性子が核兵器の構成要素とぶつかって吸収されるのは既に述べた通りです。この時、中性子を吸収した物質が放射化する、つまり放射性物質になることもあります。

もう一つの初期フォールアウトは、核兵器が地表付近で爆発した際に、できた火球が地面に触れて土砂や建物の残骸が巻き上げられ、それが降ってくるものです。土砂や建物の残骸は放射化してやはり放射性物質になっています。核兵器が上空の高い位置で爆発した場合は火球が地面に接触しないので、初期フォールアウトは発生しません。

二種類のフォールアウトは、その後の被害状況がかなり異なります。遅延フォールアウトの場合、できた放射性物質は最初、分子くらいの非常に細かな物質になっています。これが「きのこ雲」といっしょに成層圏まで巻き上げられます。核兵器の爆発時にできるきのこ雲は、水蒸気を含んだ大気中に膨大な熱量を持つ火球が出現して、それが強力な上昇気流を生むことで生じる雲です。そして巻き上げられた放射性物質はすぐに落ちてこないで上空に留まり、地球規模で広がって、数か月から数年、場合によっては数十年もしてから世界各地に降ってきます。そのために遅延フォールアウトと呼ばれます。人類は一九六〇年代まで地上で核実験を繰り返し実施してきました。その時の遅延フォールアウトが、いまだに世界各地で降っています。
一方、初期フォールアウトは地面が核爆発でえぐられて土砂が巻き上げられたものなので粒子が粗く、すぐに落ちてきます。局地的な被害にとどまりますが、どこまで飛ばされるかはその時の風の強さと風向き次第です。風の強さによっては、爆心地から一〇〇〇キロメーターも離れた場所まで飛ぶこともありえます。

核兵器が来たら「地下」に逃げよ!

北朝鮮が核ミサイルを発射したことをすぐに探知できて、みなさんがJアラートなどでそれを知ることができたとしましょう。一〇〇〇キロメーターの射程の弾道ミサイルであれば、発射から着弾までに五〇〇秒ほどの時間がかかります(ちなみに平壌・東京間は一三〇〇キロメーターほど)。不幸にも核ミサイルの着弾予想地点がみなさんのいる場所の近くだった場合、どうしたら身を守ることができるでしょうか。
核兵器による被害は、すでに話したように、火球、熱線、爆風、放射線(初期放射線)、放射化物の五つです。このうち、火球に飲みこまれたらどうやっても助かりません。一六〇キロトンの核兵器が爆発した場合、火球の大きさは半径五八〇メーターですから、とにかくこの範囲から脱出する、それだけが助かる道です。

その他の四つについては、予想される致死範囲からできるだけ遠くに逃げるのが一番ですが、致死範囲の外に脱出できる時間がない可能性もあります。その場合には「地下」に逃げてください。

熱線は赤外線なので、地下に入る、あるいは建物の中に入るだけで、かなり防ぐことができます。夏の暑い日でも地下の施設が涼しいのと同じしくみです。爆風は地下にいればかなり安心ですが、地上にいる場合は建物が壊れたり、ガラス窓が割れてガラス片が飛散したりする恐れがあるので気をつけなければなりません。地下に入る時間がなければ地面に伏せるだけでも爆風をかなり防げます。初期放射線や放射化物も、地下や建物内にいればかなり防ぐことができます。

理想の地下鉄駅はどこ？

とにかく地下が最善なのですが、特にいいのは「地下鉄」です。東京の場合は地下鉄の駅がたくさんあるので、北朝鮮が核ミサイルを撃ったことを知り、着弾までの数分間で地下鉄駅の入り口まで行けるのであれば、そこに逃げるのが一番いいでしょう。地下鉄は中でつながっているので、もし自分が入ってきた入り口が核攻撃で破壊されても、線路を通って他の出口から脱出できるというメリットもあります。

地下鉄駅の深さは、深いほど安全です。東京だと、都営大江戸線は深い場所にある駅が多いことで知られており、おすすめです。各地下鉄駅の深さがどのくらいかが書かれている地図帳もありますので、見ておくといいかもしれません。

図10は、ウクライナのキエフ（キーウ）にあるアルセナーリナ駅で、地上から一〇五・五メーターの地点にプラットホームがある、地下鉄駅の深さとしては世界一のものです。著者がキエフに行った時に写真を撮ったのですが、地下から地上に出るまでに、二分半もかかるエスカレーターを二本乗り継ぎました。旧ソ連時代の地下鉄は、防空壕を兼ねてつくられたので、このように深い地下鉄駅が多いのです。

ただし、アルセナーリナ駅のエスカレーターは二本がつながれていますが、それぞれはまっすぐ一直線であるため、直進する放射線を防ぐ効果が弱いです。折れ曲がるようにしてエスカレーターをつなげば、放射線を効果的に防御できます。

そんな理想の地下鉄駅があります。著者が自宅のある筑波から都内に出るのに使う、つくばエクスプレス（TX）秋葉原駅です。地下三三・六メーターで、地上からプラットホー

図10　アルセナーリナ駅のエスカレーター

ムに行くまでに、折れ曲がってつながる五本ものエスカレーターを乗り継ぎます。普段利用するのには不便ですが、放射線を遮るのには最高です。

核ミサイルから身を守る行動を取るような事態は、もちろん起こらないほうがいいでしょう。ですが万一の時のために、「地下に逃げる」「地下鉄駅に逃げる」ことを覚えておいてください。

An Introduction to

Nuclear Weapon

Chapter

1

原子・原子核・放射線の基礎知識

原子とその内部構造の発見

核兵器についてくわしく知るために、まずは原子と原子核の構造についてお話しします。核兵器が莫大なエネルギーをつくりだすことができる秘密は、原子核の構造にあるからです。

私たちの身体や、私たちの身の回りにあるものは、すべて原子という基本的な粒子からできていることは、多くの方が知っているでしょう。原子が組み合わされて分子になり、分子が集まって細胞になり、細胞が集まって臓器になり、臓器が組み合わさって私たちの身体ができています。

原子のことを英語でアトム（atom）といいます。古代ギリシャ語で「それ以上分割できないもの」という意味の言葉に由来するものです。百年ほど前までは、原子は分割できない最小単位とされていました。しかし実際には原子には中身（内部構造）があって、その中身の話がまさに本書で重要になります。

ところで、世の中のすべてのものはアトムからできていると最初に考えたのは、今から二四〇〇年ほど前の古代ギリシャの哲学者です。原子論を唱えた人物としてデモクリトスの名前をご存じの方も多いでしょうが、じつは彼は師匠のレウキッポスの説を受け継いで原子論を完成させたといわれています。

彼らは、この世のすべてはケノン（空虚）の中にあるアトムからできていると考えました。重要なのはケノン、つまり空虚という概念です。透明に見える空気も、そこには何かしらの連続したもので満たされているというのが当時の考えであり、「何もない」という状態、いわゆる真空が存在するとは考えられていなかったのです。

しかし、レウキッポスやデモクリトスが考えた原子論は、その後二千年以上の間まったく無視されてきました。ただし、物質の基本となる「元素」はあるとされ、火・空気（風）・水・土の四つの元素の組み合わせによってこの世は構成されるという四元素説が主流となったのです。

二千年以上の時が流れ、十九世紀の初めにイングランドの化学者ジョン＝ドルトンが、化学反応の質量の変化に注目して、原子という基本的な微粒子が存在するという近代的な原子説を唱えました。ドルトンの原子説は気体の温度や圧力の法則などをうまく説明できたため、原子の存在を信じる科学者が少しずつ増えていきました。

十九世紀末になると、イングランドのジョゼフ＝ジョン＝トムソンが電子を発見して、原子が究極の微粒子ではなく、中身（内部構造）を持つことがわかります。二十世紀に入ると、ニュージーランド出身のアーネスト＝ラザフォードが原子の中心に小さくて固い原子核があることを発見し、さらにデンマークのニールス＝ボーアが「ボーアの原子モデル」を発表して、原子の姿をモデル化しました。こうした原子の内部構造の発見をめぐる歴史的な話はどれも非常に興味深いものなのですが、本書では紙幅がないので、残念ですが割愛いたします。

原子の中身はスカスカだった！

それでは、原子の内部構造を具体的に見てみましょう。

図11が原子の構造のモデル図です。学校の理科の教科書などでおなじみのものでしょう。原子の外側には、マイナスの電気（電荷）を持つ電子があり、決まった軌道の上を周回しています。内側の軌道にいる電子はエネルギーが低く、より外側の軌道にいる電子ほど高いエネルギーを持ちます。そして原子の中心には小さな塊があり、これが原子核です。原子核はプラスの電荷を持つ陽子と、電荷を持たない中性子が集まってできています。

原子の大きさは百億分の一メーターという極小のサイズですが、原子核はさらに原子の一〇万分の一しかありません。イメージとしては、原子の大きさを普通の家の部屋の大きさだとすると、原子核の大きさは部屋の中に落ちている一本の髪の毛の太さよりも小さくなります。図では原子核を非常に大きく描いていますが、実際の原子核はもっと小さくて原子の中身はスカスカです。

　しかし、原子はしっかりと固い構造を保っていて、つぶれたりしません。その秘密は、原子の外側にある電子に隠されています。さきほど電子は軌道上を回っていると言いましたが、それはあくまでもモデルであって、じつは電子は「雲」のように広がって原子を覆っているのです。電子は粒子なのになぜ雲のように広がるのか、不思議に思われるでしょうが、これはミクロの世界の物理法則である量子力学が説明する電子の姿です。量子力学によると、電子などミクロの粒子はどこか一箇所にいるとはいえず、どの場所ではどの確率で存在しているのか、というこ

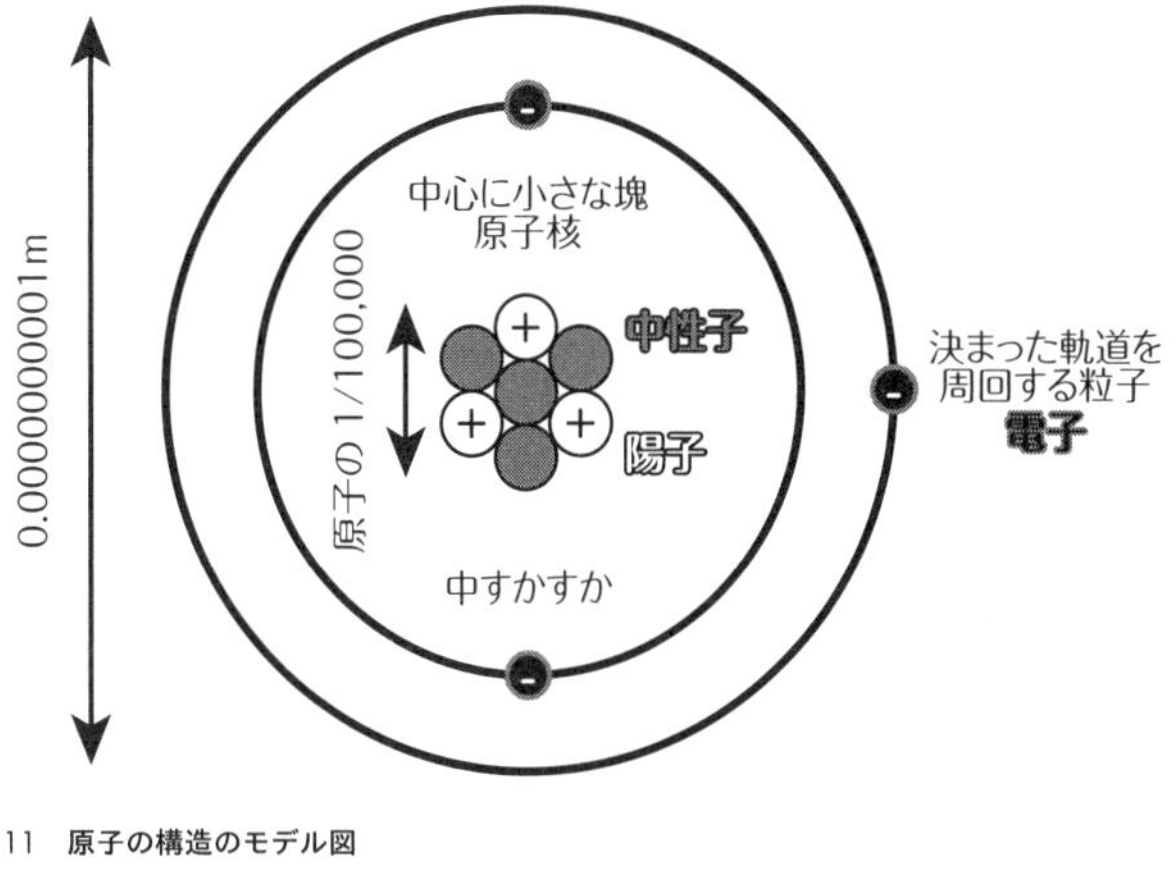

図 11　原子の構造のモデル図

としかいえません。ですから雲のように広がり、存在確率が高いところは雲が濃いというようなとらえかたしかできません。

つまり、マイナスの電荷を持つ電子が雲のように外側を覆っているのが、原子の姿です。そしてマイナスの電荷を持つ粒子は反発しあうので、原子同士はお互いにある距離を保った状態で存在しています。それ以上は近づけないので、原子は固い状態を保てるのです。

たとえばみなさんがコップを手に持つ時、掌《てのひら》の表面の原子を覆う電子と、コップの表面の原子を覆う電子が反発しあうことで、しっかりと持つことができます。電荷があるものには電磁力が働き、その電磁力の作用でこの現象が起きるので、私たちが物を持てるのは電磁力のおかげだといえます。

ところで、原子はマイナスの電荷を持つ電子で覆われているのに、なぜ物に触れても電気を感じないのでしょうか。それは、原子核の中にはプラスの電荷を持つ陽子が電子と同じ数だけあって、原子全体で見たときには、正負の電荷でバランスが取れているからです。そのため、原子より大きな構造で見たときには、電気的に中性となるのです。

そして、原子の外側を覆う電子の数が、その原子の化学的な性質を決めます。原子同士が結合して分子になり、さまざまな化合物をつくりますが、これは電子同士の反応によるものだからです。もうひとつ重要なのは、化学反応は原子の外側にある電子の反応であって、原子の中心にある原子核とは何も関係がないということです。したがって、放射性物質を化学反応によって消滅させるといったこともできません。怪しげな薬品や何々菌で放射性物質を除去できますとか、半減期を減らしますとかいった商品がでたらめなのは、こうした点からも明らかなのです。

それから、核分裂兵器のことを日本語では原子爆弾と呼んだりしますが、原子の力は化学反応なので厳密には正しくありません。英語でも atomic bomb という言葉はあるのですが、普通は nuclear weapon すなわち核兵器といいます。原子核の反応を使うので、これが科学的に正しい呼び方です。

原子核の構造と同位体

続いて、原子の中心にある原子核の中身についてくわしく見ていきましょう。

既にお話ししたように、原子核はプラスの電荷を持つ陽子と、電荷を持たない中性子でできています。陽子と中性子をまとめて「核子」と呼びます。そして元素の種類ごとに原子核中の陽子の数が決まっています。陽子一個が水素、陽子二個がヘリウム、陽子三個がリチウム、陽子四個がベリリウムといった具合です。

既にお伝えしたように原子の化学的な性質は電子の数によって決まりますが、原子の中で電子と陽子は同数なので、原子の化学的性質は陽子の数によって決まるともいえます。そのため、陽子の数によって、原子（元素）の種類が決まるのです。陽子の数の順番に元素を並べたものが、これも理科の授業で習った周期表（元素周期表）です。

ところで、原子核には陽子だけでなく、中性子も存在します。たとえば水素原子の場合、原子核が陽子一個だけでできているものもあれば、陽子一個と中性子一個のもの、陽子一個と中性子二個のものもあります（図12）。これらはみな陽子が一個である点では同じなので、化学的性質に違いはありません。化学反応をさせても、みな同じ反応を示します。しかし、原子核反応の際にはまったく異なる反応を示します。原子核反応については第2章でくわしく説明します。

陽子の数が同じで中性子の数が異なる原子を同位

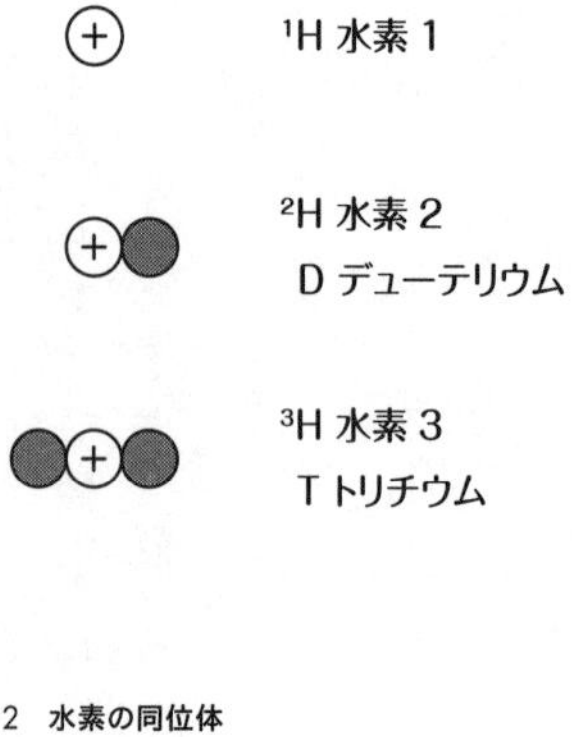

図12　水素の同位体

体といいます。図12の三つはどれも水素の同位体です。

原子核反応を扱う本書では同位体が非常に重要ですので、ここで同位体の書き方を示しておきます（図13）。まず、原子（元素）を表記する際には「元素記号」で表すのが一般的です。元素記号はアルファベットの大文字一つ、あるいは大文字一つと小文字一つで表します。本書の主役の一つであるウランの場合、元素記号はUです。

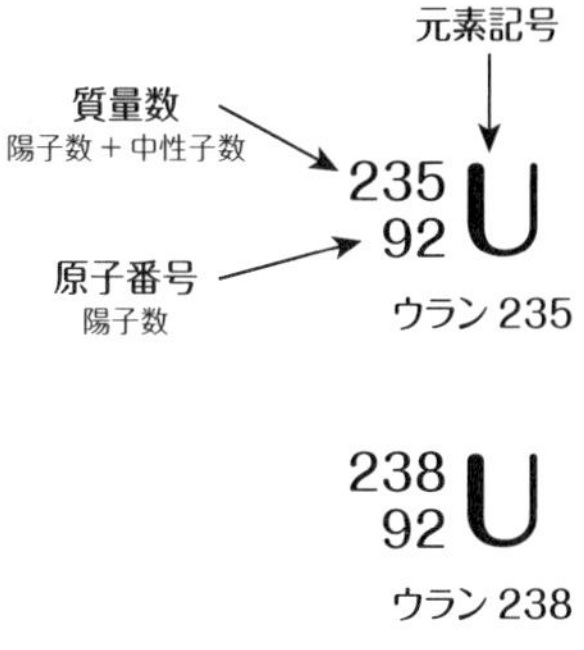

図13　同位体の書き方

そして元素記号の左上と左下に、数字が小さく二つ書いてあります。左下の数字は「原子番号」といい、陽子の数を表しています。ただし、元素の種類は陽子の数で決まるので、元素記号を書けばわざわざ原子番号を書く必要はなく、省略される場合も多いです。一方、左上の数字は「質量数」といい、陽子と中性子の合計数（つまり核子の数）になっています。

原子を構成する陽子、中性子、電子の重さ（質量）は、陽子と中性子がほぼ同じで、電子はその二〇〇〇分の一しかありません。したがって原子の質量は、陽子と中性子の数がわかればそれに陽子／中性子の質量をかけるだけでほぼ決まるので、その合計数を質量数というのです。

図13にはウランの元素記号が二つ書いてあります。同じウランですが、質量数が違います。これは、中性子の数がちがうということです。ともにウランの同位体ということになります。日本語では、質量数を元素名の後に続けて「ウラン二三五」「ウラン二三八」と読み、和文ではそのまま書くことも多いです。ウランには同位体がたくさんありますが、本書で重要なのはこのウラン二三五とウラン二三八です。核子の数は、ウラン二三五では陽子九二個と中性子一四三個（九二＋一四三＝二三五）、ウラン二三八では陽子九二個と中性子一四六個になります。両者はウランとしての化学的性質は同じですが、原子核反応ではまったく違うふるまいをするのです。

原子核をしっかり固める「強い力」の不思議な特徴

原子核は陽子と中性子が集まってできていますが、こんな疑問が浮かびませんか？

「陽子はプラスの電荷を持っているのに、陽子同士が集まって、お互いに電磁力で反発し合わないのだろうか？」

この疑問はもっともで、陽子がたくさん集まるとプラスの電荷同士が反発してバラバラになってしまい、原子核としてまとまらないように思えます。ちゃんとまとまっているということは、何かしらの力が働いて原子核をしっかりと固めていることになります。

プラスの電荷を持つ陽子や、電荷を持たない中性子をしっかりと固める力の正体は「強い力」といいます。変な名前ですが、英語の strong interaction（強い相互作用）を訳したものです。原子核の内部で働く二種類の力があり、一方は強くて一方は弱いために「強い力」「弱い力」と呼んでいるうちに、それが正式な名称になったというのが由来です。ちなみに強い力を最初に研究したのは湯川秀樹先生です。湯川先生は、陽子と中性子の間で中間子という未知の粒子がやりとりされることで、原子核がしっかりと固まっているという「中間子論」を発表し、日本人初のノーベル賞（物理学賞）を受賞しました。その後さらに研究が進み、原子核を固める真の力は強い力であることがわかったのです。

強い力は名前の通り電磁力の一三七倍と非常に強く、陽子や中性子をお互いに引きつけあう引力として働きます。陽子同士が電磁力で反発する力より、強い力でお互いに引きつけあう力のほうがはるかに強いので、原子核はしっかりと固くまとまれるのです。

強い力は、非常に強いこと以外に、二つの特徴があります。一つは働く粒子が違うことです。電磁力は電荷を持つ粒子、つまり陽子や電子に働きますが、電荷を持たない中性子には働きません。一方、強い力は陽子と中性子には働きますが、電子には働きません。

　もう一つの特徴は、強い力は届く範囲が狭く、すぐとなりにいる陽子や中性子にしか働かないことです。電磁力や重力は、無限に遠方まで働きます。遠くなるほど力は弱まりますが、無限遠まで働きます。これに対して強い力はとなり合った陽子や中性子くらいの距離までにしか働かず、それ以上離れると力が失われます。また、強い力が働く場合は、近づきすぎると弱くなり、遠ざかるほど力は強くなります（ただし遠くなりすぎると、力が失われます）。

　強い力は、陽子や中性子の間をつなぐ「短いバネ」のようなものだといえます。陽子や中性子の間を離

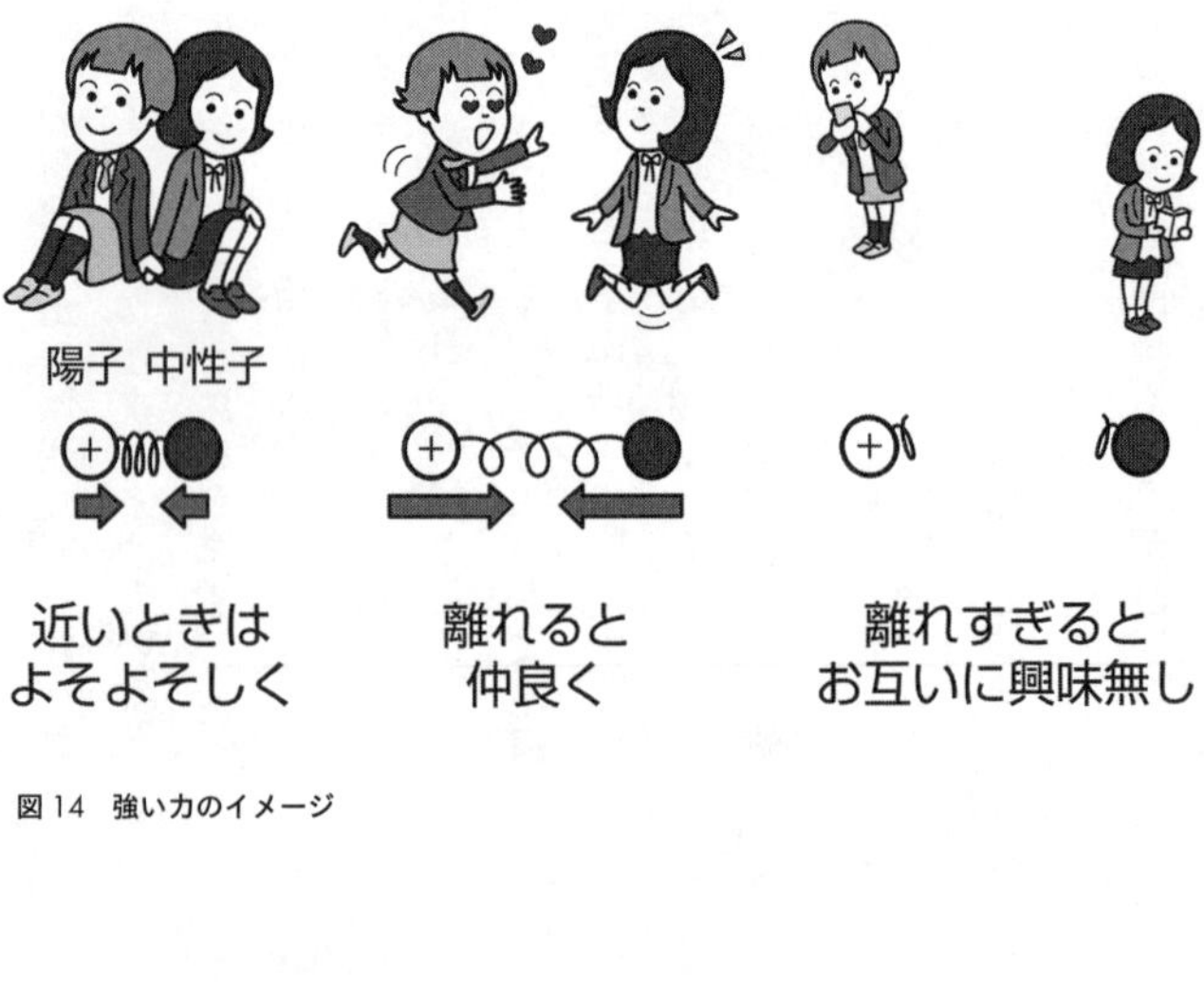
陽子　中性子
近いときは
よそよそしく
離れると
仲良く
離れすぎると
お互いに興味無し

図 14　強い力のイメージ

すほどバネが伸びて、元に戻ろうとする力（引きつけあう力）が強くなります。しかし陽子や中性子を離しすぎると、バネが切れてしまって力が働かなくなります。どこか恋愛とも似ていますね。お互いに少し離れている時のほうが、近すぎる時よりも二人の愛の力が強くなることが多く、一方で遠く離れすぎると互いに興味がなくなって愛が失われたりするのですから。

安定した原子核と不安定な原子核

こういった強い力の特性は、とても興味深い現象をひき起こします。この強い力と電磁力との微妙なバランスのために、陽子と中性子の組み合わせはなんでもよいというわけではなく、ある限られた組み合わせしか安定しなくなるのです。

たとえば水素原子の場合、陽子一個、陽子一個と中性子一個、陽子一個と中性子二個の、三種類の原子核しか存在できず、それ以外は存在しえないのです。しかも最後のひとつは安定せず、ある時間で変化を起こして別の原子核に変わってしまいます。これを不安定核（不安定核種）といい、逆にどれだけ時間がたってもそのままでいられるものを安定核（安定核種）と言います。

図15は横軸を原子番号（陽子の数）、縦軸を質量数（陽子と中性子の合計数）として安定核をプロットしたものです。この点以外の白い部分はすべて、不安定な原子核になるので、安定核が存在できる領域はごくわずかだとわかります。

また、破線は縦軸の値が横軸のちょうど二倍になるように引いてあります。これを見ると、グラフの左下、つまり原子番号が小さな原子核では、安定核が破線の上に乗っています。これは、安定核では陽子の数と中性子の数がほぼ同じであることを意味しています。

一方で、グラフの右上、すなわち原子番号が大きくなるほど、安定核は破線の上側にずれていっています。原子番号が大きな原子核は、中性子の数が陽子の数よりも少し多めの場合のほうが安定するのです。その理由は、強い力がとなり合った核子にしか働かないためです。原子番号が大きな（質量数が大きな）原子核では、陽子や中性子がたくさん集まっても、遠く離れた核子同士には強い力が及ばないので、原子核を固めるにはより多くの中性子が必要になるの

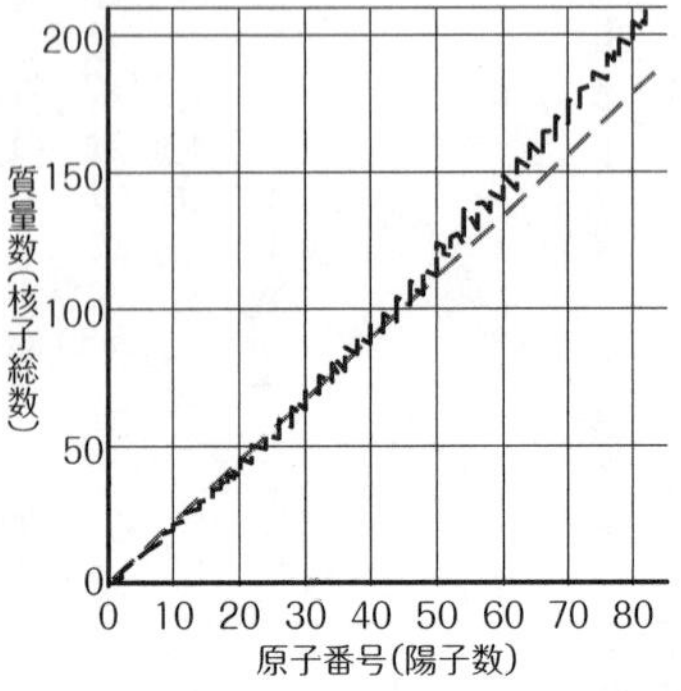

図15　安定核の領域

です。

図16は、この図に安定核以外の原子核がどうなるかを書き加えたものです。安定核から少しだけ離れた領域（白い領域）では、「すこし修正」すれば原子核が安定します。また、薄い灰色の領域では「すこし修正」くらいでは安定しないので、原子核が分裂することで安定化を図ります。白い領域と薄い灰色の領域のものが不安定核になります。これに対して濃い灰色の領域では、そもそもそうした原子核は存在できません。

薄い灰色の領域、すなわち原子核の分裂は第2章でくわしく紹介します。この核分裂が核兵器の力の源泉です。

一方、白い領域の原子核を「すこし修正」して安定させる方法、それが「原子核が放射線を放つ」というもので、この章の後半で話すテーマとなります。核兵器の使用や原子力発電所の事故などで放射線が発生することはみなさんもご存じかと思いますが、放射線に対する理解を深めるために、放射線の原理

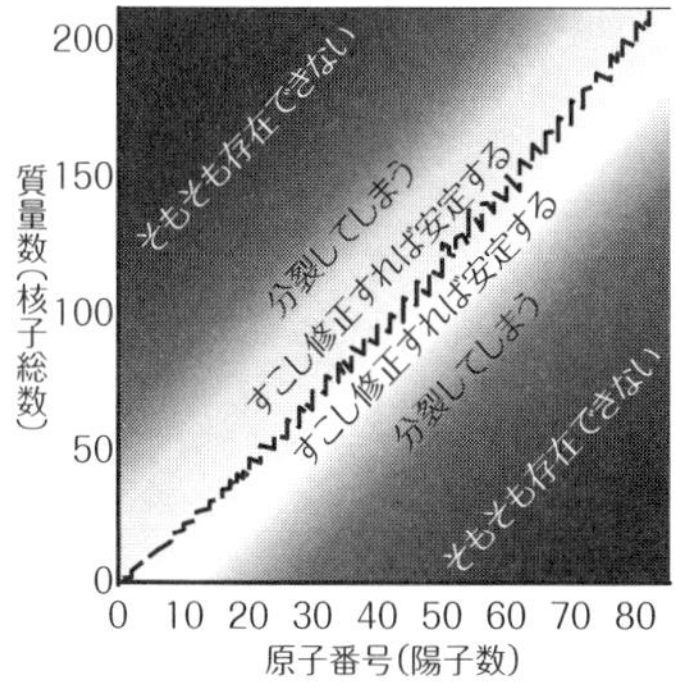

図16　安定核と不安定核の領域

について少し詳しくご説明しましょう。

不安定な原子核が安定するために放つ放射線

復習になりますが、水素の同位体は三種類あります。原子核が陽子一つのものが普通の水素ですが、陽子一つと中性子一つのものはデューテリウム（重水素、記号D）、陽子一つと中性子二つのものはトリチウム（三重水素、記号T）といいます。水素とデューテリウムは安定核種、トリチウムは不安定核種です。

不安定核種であるトリチウムは、「すこし修正」して安定核になろうとします。その方法は、原子核の中の中性子一個を陽子に変えるというものです。すると原子核は陽子二個と中性子一個になります。陽子二個なので、これはヘリウムの原子核です。ヘリウムには中性子が一個のものと二個のものの、二つの同位体がありますが、そのうち中性子が一個であるヘリウム三の原子核になります。ヘリウムの原子核は非常に安定しているので、これに変わることで原子核を安定させるのです。

中性子が陽子に変わるとき、電子とニュートリノという粒子が放出されます。ニュートリノは何でも素通りする幽霊のような粒子です。そして、電子とニュートリノを放出することで原子核が変わることを「崩壊」もしくは「壊変」といいます。英語では decay という一つの用語ですが、これを日本語に訳す際に、二種類の訳語ができてしまいました。現在では私たち物理学者はおもに崩壊といっています。

そして原子核が崩壊する際に放出されるもの、これが放射線です。放射線にはいくつかの種類がありますが、トリチウムが崩壊する際に出てくる放射線の正体は電子です。電子は私たちの体をつくる重要な要素ですから、放射線は別に特殊なものではなく、私たちの体の一部でもあるのです。

放射線の種類

不安定な原子核が「すこし修正」して安定する方法はいくつかあり、方法ごとに出てくる放射線の種類が違います。これを説明しましょう。

一つめの方法は原子核の一部が取れることです。その取れ方は決まっていて、陽子二個と中性子二個のかたまりが取れます。これはヘリウム四の原子核そのものです。原子核の一部が分裂するのですから、これも広い意味では核分裂なのですが、物理学の世界ではヘリウム四以外の原子核が放出されるものを核分裂と呼びます。ヘリウム四が飛び出す反応は特別扱いされているのです。

飛び出してきたヘリウム四の原子核でできた放射線を「α《アルファ》線」といい、原子核がα線を出して崩壊することを「α崩壊」といいます。α崩壊の例としては、ポロニウム二一〇がα線を出して鉛二〇六に変わるものがあります。ポロニウム二一〇は非常に危険な放射性物質で、有名なキュリー夫妻が発見し、妻のマリー＝キュリーの出身地であるポーランドにちなんで名づけられました。

二つめの方法は、中性子を陽子に変えて電子とニュートリノを放出するもので、デューテリウムの崩壊がこれに当たります。これを「β《ベータ》崩壊」といい、放出される電子を「β線」といいます。

三つめの方法は、α、βときたので、次のγ《ガンマ》、すなわちγ線を放出するものです。序章でも話しましたが、γ線は電磁波の一種であり、放射線でもあります。不安定な原子核が余分なエネルギーを持っているとき、そのエネルギーをγ線の形で放出して安定化しようとします。α崩壊やβ崩壊が起こったとき、原子核でエネルギーが余ってしまった場合に、これを後で（実際にはほとんど同時に）γ線の形で出す、という現象がほとんどです。

それから、X線も放射線です。X線は電荷を持つ粒子が加速や減速をしたり、進路が曲がったりする時に放出されます。また、原子の内部で電子が軌道を変える（外側の軌道から内側の軌道に移るなど）際にもX線が放出されることがあります。

ちなみに、世にある本の中には「γ線とX線の違いは、エネルギーの違い（波長の違い）であり、大きなエネルギーを持つもの（波長がより短いもの）がγ線である」と書かれているものがけっこうあります。これは間違いで、γ線は原子核から出るが、X線は荷電粒子から出る（原子核の外で出る）というのが本質です。

最後の方法は、原子核から余分な中性子を出して安定するというものです。たとえば、ベリリウム九（陽子四個と中性子五個）にα線（陽子二個と中性子二個）が当たると、炭素一二（陽子六個と中性子六個）が生まれて、一個の余分な中性子が飛び出してきます。この反応は、核兵器の中でも使われていたことがあり、本書でも再登場します。

中性子の重要な特徴は、電荷を持たないということです。ヘリウム四の原子核（陽子二個と中性子二個）であるα線や、電子であるβ線は、電荷を持っています。またγ線やX線は荷電粒子ではありませんが、これらは電磁波なので、電磁力によって電子などの荷電粒子と反応します。それに対して中性子は電荷を持たないため、中性子が人体に与える影響や、中性子から身を守る方法は、他の放射線とだいぶ違ってくるのです。詳しくは後ほど説明します。

放射能と半減期

ここで、放射線に関する用語を二つ説明しましょう。

一つめの用語は「放射能」です。マスコミでは、放射線や放射性物質など、何でもかんでもすべて放射能と呼ぶ悪い癖があります。しかし正しくは、放射線を出す物質のことを放射性物質といいます。それに対して、放射能とは文字通り、放射線を出す能力のことです。

放射性物質が一秒間に何回の崩壊を起こすかで放射能は表されます。ただし、放射能を実際に計測する際に、崩壊の回数を調べることは難しいので、代わりに「崩壊によって出てきた放射線の個数」を測定します。原子核が一回崩壊する時、放射線は一個ではなく、複数出てくる場合もあるのですが、そこは考えずに、単純に放射線の個数を数えるのです。また、放射線の種類やエネルギーは問いません。一秒間に一回崩壊する（計測としては一秒間に一個の放射線を出す）放射能を「一ベクレル（Bq）」といいます。一秒間に一〇〇回崩壊すれば放射能は一〇〇ベクレルとなります。ベクレルという単位名は、ウランからα線が放出されることを発見したフランスの物理学者の名前にちなんだものです。

放射線に関する単位として「グレイ（Gy）」や「シーヴェルト（Sv）」を聞いたことがある人も多いでしょう。グレイは、放射線が物質に与えるエネルギーを与えた箇所の質量で割ったもの、つまり単位質量あたりに与えられたエネルギー（これを吸収線量といいます）の単位です。また、放射線の種類による影響の違いを加味した放射線加重係数を、吸収線量にかけ、生物の身体に与える影響の度合いを表わしたものを等価線量と言います。その単位がシーヴェルトです。

二つめの用語は「半減期」です。放射性物質は崩壊して放射線を出し、安定になっていきます。安定になったらもう放射線は出しません。では、いつ崩壊するかというと、それは確率的でしかありません。同じ種類の不安定な原子核であっても、すぐに崩壊する場合もあれば、長い時間を経て崩壊する場合もあります。しかし、同じ種類の原子核を大量に集めれば、崩壊するまでの平均化された時間がわかります。

ある種類の放射性物質を大量に用意して、時間とともに崩壊する様子を観測します。このとき、全体の半分の量の放射性物質が崩壊するまでの時間を、半減期といいます。また、e分の一（eはネイピア数といって、自然対数の底で二・七ていどです）になるまでの時間を、寿命といいます。寿命は物理学者の間でよく使われますが、一般の方は半減期のほうがなじみがあるでしょう。

半減期は放射性物質の種類ごとに決まっています。たとえば、α崩壊をするポロニウム二一〇は一三八日、β崩壊をするトリチウムは一二年です。

半減期が長いということはなかなか崩壊しないということであり、不安定核の中では安定しているともいえます。一方で、いつまでも放射線を出し続ける厄介な放射性物質でもあります。逆に半減期が短いものは短時間でどんどん崩壊するので、あるていど時間が経てば放射線をほとんど出さなくなります。しかしそれまでの期間は放射線をたくさん出すので、放射能は高いことになります。

放射線はなぜ危険なのか?

さきほど「放射線は別に特殊なものではなく、私たちの体の一部でもある」と話したのを覚えていますか。それなのになぜ、放射線は危険なのでしょうか。

いきなり話が変わりますが、私は昔、とあるアイドルグループのライブイベントを最前列で見ていました。すると、観客の一人が突然、ステージ上のあるアイドルに向けて、携帯電話（当時はいわゆるガラケー）を投げつけたのです！　しかし、投げつけられた彼女は首だけ傾けて見事に携帯電話をよけました。そして「フン」と鼻で笑ったような表情を浮かべたのです。私は彼女の推しではありませんでしたが、思わず惚れそうになるほど格好よかったです。

携帯電話（今はスマフォですが）は、これがなかったら現代社会では生きていけないくらい非常に役に立つ存在です。でも携帯電話を投げつけられると危険です。それは携帯電話自体が危険だからではなく、それが「投げつけられる」ためです。一〇〇グラムていどの重さの携帯電話でも、それが投げつけられると、大きなエネルギーを持ち、当たった相手にダメージを与えるのです。

放射線も、これとまったく同じです。β線の正体

スマホやケータイ自体は危険物ではないが、
それらを投げつけられたら危険

図 17　速度をもって投げつけられるものは危険

は電子ですが、もし電子がなかったら、原子は形を保てず、私たちの身体もこの世界も現在の姿を保てなくなります。しかし、電子がものすごい速さで飛んでくると大きなエネルギーを持ち、私たちの体を害するものになります。それがβ線です。放射線が危険なのは、それが速いから、そして速いために大きなエネルギーを持っているからなのです。

α線やβ線が当たるとどんな反応が起こるか

では、放射線が当たった物質にはどのような反応が起こるのかを、くわしくお話しします。まずは放射線のうち、α線とβ線についてです。

さきほど、携帯電話を投げつけられたアイドルが、とっさにうまくよけられたというエピソードを話しました。彼女がよけられたのは、投げつけられた携帯電話の速度がそんなに速くなかったためです。もしもっと速かったら、彼女はよけられなかったでしょう。

ここで、キャッチボールのことを考えてみます。あの例では「よける」という話でしたが、今度は逆に「受ける」話になり、これが放射線と「反応する」ことに相当します。キャッチボールをする時、プロ野球のピッチャーが剛速球を投げ込んできたら、普通の人は取り損ねてしまうでしょう。グラヴ（グローブ）でボールをちゃんと捕るためには、ボールをあるていど遅く投げてもらう必要があります。放射線が物体の中を通る時の反応も同じで、放射線があまりに速いと物質は反応しづらく、遅いものほど反応しやすくなります。

ここで、α線やβ線が物質中を通る時のことを考えます。このとき、キャッチボールのグラヴに相当するのが原子を覆う電子です。α線もβ線も荷電粒子なので、同じ荷電粒子である電子と反応します。最初のうちα線やβ線は猛スピードで物質内に入ってくるので、原子を覆う電子はなかなか反応できません。しかし、中には反応できる電子もあって（これは確率の問題で、少ないながら反応できる電子もあるという意味）、α線やβ線と反応します。しかし速度が速すぎてうまくキャッチできず、グラヴがはじかれてしまいます。すなわち、物質中の電子がはじき飛ばされます。この時、電子をはじき飛ばした分、α線やβ線はエネルギーを失って速度が落ちます。すると電子はα線やβ線を捕まえやすくなる、つまり反応しやすくなります。これをどんどん繰り返していきます。

こうしてα線やβ線は、物質内を通りながら電子と反応してエネルギーを失い、どんどん速度が遅くなります。遅くなるほど電子と反応しやすくなり、より大きなエネルギーを失います。止まる寸前が、一番多くエネルギーを落とす（相手にエネルギーを与える）ことになり、最終的に止まります。それをグラフにしたものが図18です。これを測定したイングランドの物理学者の名前にちなんでブラッグ曲線と呼ばれます。そして完全に止まるまでに進む距離を「飛程」といいます。

飛程は放射線の種類によって異なり、α線は飛程が非常に短いです。α線は陽子二つと中性子二つでできた比較的大きな粒子なので電子とぶつかりやすく、どんどん反応して速度を落とすためです。ポロニウム二一〇から出るα線の場合、空気中ですら、たった四センチメーターほどで止まります。水中だと飛程はわずか四〇マイクロメーターです。私たちの体はほとんど水でできていますが、四〇マイクロメーターはだいたい細胞一つ分です。したがって私たちがα線を浴びても、皮膚の表面の細胞一個分で止まります。皮膚の表面は死んだ細胞（角層）でできているので、ほとんど被害がないといってよいのです。

一方、セシウム一三七から出るβ線は空気中だと一三〇センチメーターほど進みます。β線の正体は電子なので、小さくて原子を覆う電子と反応しにくく、その分長く進むので

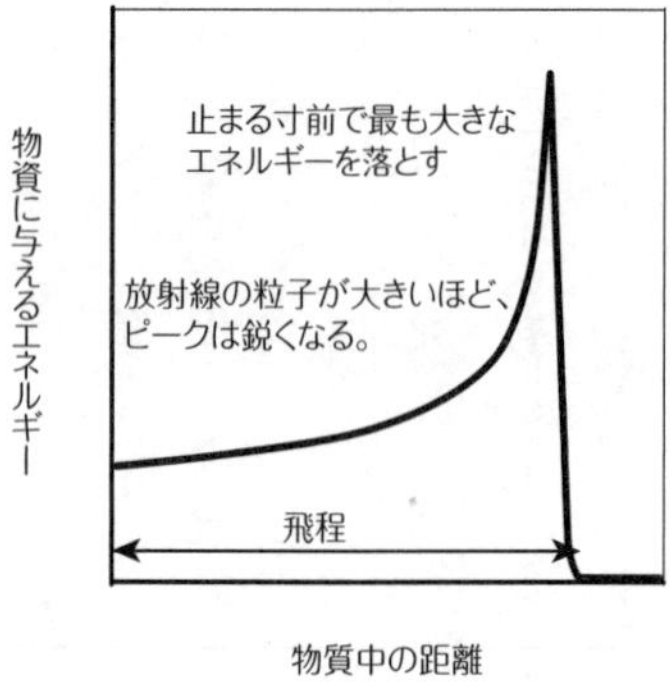

物資に与えるエネルギー
止まる寸前で最も大きなエネルギーを落とす
放射線の粒子が大きいほど、ピークは鋭くなる。
飛程
物質中の距離

図18　ブラッグ曲線と飛程（α線、β線）

す。ただし、一三〇センチメーターまっすぐ進むのではなく、ピンボールのようにあちこちはじかれながら進み、その距離の合計が一三〇センチメーターになります。水中だと、飛程は一・六ミリメーターです。したがって人間がβ線を浴びると、皮膚の表面の細胞はちょっとやられますが、内部の臓器がやられることはありません。

したがって、私たちがα線やβ線を外部から浴びても、それほど被害がないことがわかります。一方で、外部からではなく内部から放射線を浴びる場合は別の問題が生じるので、その話はのちほどします。

鉛はγ線を通さない特別な物質?

次に、γ線とX線が物質とどう反応するかを見てみます。

前にも話したように、γ線やX線は電磁力によって電子と反応します。このとき三種類の反応をしますが、どれが主たる反応となるかは、そのエネルギーによります。

エネルギーが比較的低い時、γ線やX線は原子の軌道上の電子に吸収され、エネルギーを得た電子は原子の外に飛び出します。これを光電効果といいます。光電効果の身近な例は太陽電池です。太陽光のエネルギーによって原子から飛び出した電子を電気回路に通すことで電気を生み出すのが太陽電池です。この光電効果によってγ線やX線は消えますが、その代わりに電子が飛び出して、これがβ線になります。γ線やX線の代わりに、β線という別の放射線が生まれたことになります。

エネルギーが中くらいの時、γ線やX線はビリヤードのように電子を原子からたたき出して、これがβ線になります。さきほどと違うのは、エネルギーがより大きいのでγ線やX線が消えないことです。これはコンプトン散乱という現象です。つまり、γ線やX線がもう一つ新たにβ線を生み出し、二種類の放射線となるのです。

さらにエネルギーが高い場合、γ線やX線は電子と反応しなくても、自分のエネルギーで新たな粒子を生み出します。これは電子対生成といって、電子と陽電子（プラスの電荷を持つ、電子の反粒子）が生まれ、β線と$^{+}\beta$（ベータプラス）線になります。$^{+}\beta$線とは陽電子のことで、これも放射線なので、二種類の放射線が生まれてγ線やX線は消滅します。

このように、γ線やX線はすべてβ線を生み出す反応を起こします。したがってγ線やX線を浴びることは、実質的にβ線を浴びることと同じ影響を受けます。β線を外から浴びても皮膚の表面で止まるのに対して、γ線やX線は体を貫通しながら、途中で体内の物質と反応してβ線を出します。つまりβ線を体の内部で浴びる形になるので、内部被曝と同じ状態になります。これがγ線やX線の厄介なところなのです。

また、γ線やX線はエネルギーを失っても波長が伸びるだけで、速度は変わらずに光速度で一定です。γ線やX線が止まる（速度がゼロになる）ことはないので、飛程という概念は存在しません。ただし、電子と反応して消滅することはあります。その結果、γ線やX線は放射線量とエネルギーが減り、だんだん弱くなります。

図19は、γ線が鉄、コンクリート、水を通過しながらどのように減っていくかを示したものです。横軸が物質（遮蔽《しゃへい》体）の厚さ、縦軸が透過率を表します。たとえば鉄の厚さ一〇〇ミリメーターで透過率〇・〇三になっていますが、これは、その厚さの鉄を遮蔽体として使えば、γ線を〇・〇三にまで減らせることを意味します。これを見ると、重いもの、正しくいえば比重が大きいものほど、同じ厚さでもγ線をより減衰させることがわかります。γ線は物質中の電子と反応して弱まっていくので、電子が多い物質ほどγ線を減衰させ

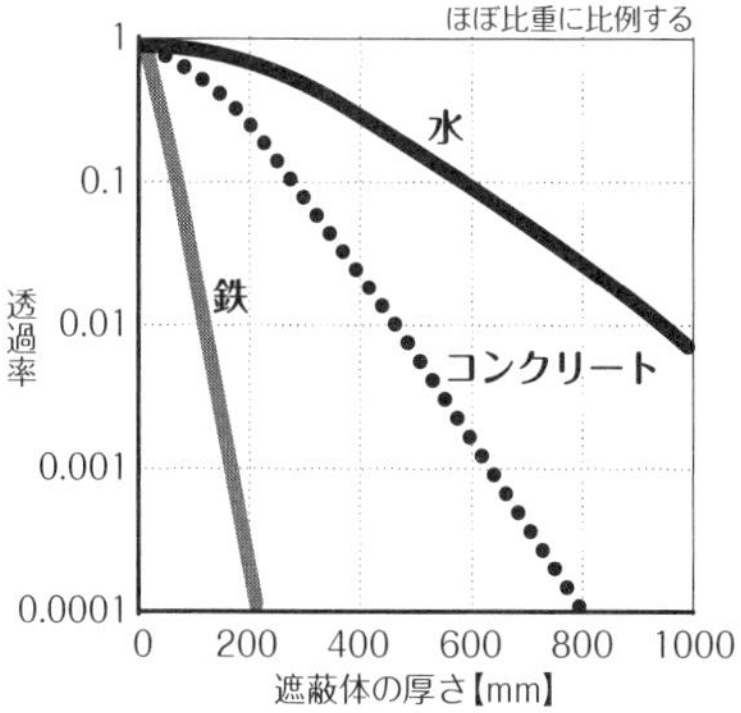

図19　γ線の透過率（^{137}Cs）

るのです。電子が多い物質とは、陽子が多い物質であり、それはつまり重い原子核を持つ物質（原子）です。どの原子も大きさはほぼ同じなので、原子核が重い物質は比重が大きな物質（元素）になります。

γ線の遮蔽体として鉛がよく使われることをご存じの方も多いでしょう。これは、鉛の比重が大きいので、遮蔽体として使うときにスペースを使わないためです。加えて、鉛が安いこともあります。水で遮蔽体をつくろうとすると比重が小さい分、スペースが多く必要になります。しかし、このようなスペースのことを考えなければ、一キログラムの鉛と一キログラムの水はγ線に対して同じ遮蔽能力を持ちます。同じ質量なら中に含まれる電子の量もほぼ同じだからです。別に鉛がγ線を通さない特別な物質というわけではないのです。

昔、映画『スーパーマン』で、スーパーマンが鉛を透視できないという場面がありました。あれは脚本家が、鉛をγ線やX線を通さない特別な物質だと勘違いしていたためでしょう。鉛を透視できないなら、同じ重さの水だって透視できないはずですから。

中性子を防ぐには軽い物質がいい？

最後に、中性子が物質と反応する場合についてお話しします。

中性子は電荷を持たないので、原子を覆う電子と反応しません。その代わりに、原子の中心にある原子核と直接反応します。中性子以外の放射線、すなわちα線、β線、γ線、X線は先に電子と反応してしまい、原子核とは反応しません。これに対して中性子だけが、原子核と直接反応するのです。これが核兵器の爆発でも重要となる核分裂反応において、連鎖反応を起こし続けられる理由です。詳しくは第2章で話します。

ただし、原子核は非常に小さく、原子の一〇万分の一しかありません。したがって中性子が原子核とぶつかることはめったになく、ほとんどが素通りします。放射線の中でもっとも物質に対する透過率が高いのが中性子です。

中性子と原子核の反応にはいくつかの種類があります。その一つは、中性子が原子核とぶつかってはね返されるものです。これを散乱といいます。この時、軽い原子核にぶつかると、中性子は原子核に多くのエネルギーを与えて自分は減速します。一方、重い原子核にぶつかると、ほとんど減速されずにはね返されます。

ビリヤードで手玉を回転させずに的玉にぶつけると（ストップショット）、手玉が止まり、的玉が動きます。これは、中性子が同じ質量の原子核（水素）とぶつかった場合に相当します。手玉（中性子）は大きく減速されるのです。一方、手玉が直接クッションに当たると、手玉は減速せずに（クッションは柔らかいので、多少は減速しますが）はね返ってきます。これが、中性子が重い原子核とぶつかった場合です。

　ということは、中性子を減速させるには軽い原子核を持つ、比重の軽い物質（元素）のほうがいいことになります。実際、図20のように、水とコンクリート、鉄を比べると、水が一番中性子を遮蔽できるのです。γ線の場合とはまったく逆であることを、よく覚えておいてください。

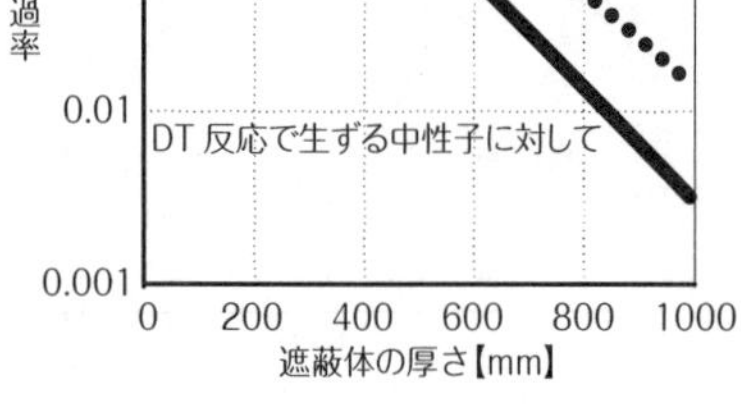

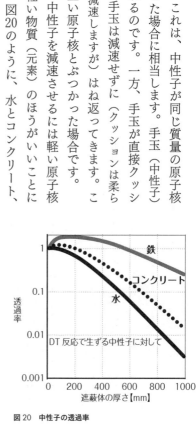

図20　中性子の透過率

　中性子と原子核の反応には他にも、中性子が原子核の中に捕らえられてしまう「捕獲」や、捕らえられたあとで原子核が不安定になり「分裂」するものなどがあります。これらの解説は第2章で行います。

放射線はなぜ人体に有害なのか？

本章の終わりに、放射線がなぜ人体にとって有害なのかを説明しましょう。

序章で、放射線を浴びた時の致死率について、「人間は七グレイの放射線を浴びると九割以上の人が死に、四・五グレイでは半数くらいが死ぬと言われている」と書きました。復習すると、グレイという単位は放射線によって与えられた単位質量あたりのエネルギーを示します。

では、九割以上の人が死ぬという七グレイの放射線とは、どれだけのエネルギーを人間に与えるのでしょうか。これを計算してみると、体重七〇キログラムの人間でおよそ五〇〇ジュールになります。これは人間が五秒間に使うエネルギー量にすぎません。たった五秒間です！　また、五〇〇ジュールのエネルギーで体温をどれだけ上昇させられるかを計算すると一〇〇〇分の二度になります。お風呂に入っただけでも、もっと体温は上がるでしょう。

こんなにわずかなエネルギーを受けただけで、なぜ人間は死ぬのでしょうか。それは、放射線が物質中の電子をピンポイントで攻撃するからです。

すでに説明したように、α線、β線、γ線、X線はどれも、原子を覆う電子をはじき飛ばす効果があります。人間の身体を構成するさまざまな分子は、電子の反応（結合）によって結びついているということを、本章の冒頭でお話ししました。放射線によって電子が弾き飛ばされると、原子同士をつないでいる電子の結合が切れてしまいます。すると分子はその形を保てなくなります。

また、中性子は電子ではなく、原子核に直接ぶつかります。原子核が重い場合は中性子がはね返されるだけですが、軽い原子核にぶつかるとその原子核をはじき飛ばします。そうなるとやはり同様に分子の構造が壊れてしまいます。人間の身体を構成する分子や水は、もっとも軽い原子核を持つ水素原子を大量に含んでいます。その水素原子が中性子の格好の「標的」となり、分子構造が破壊されるのです。

さて、人間の体内の分子の中でもっとも重要なものの一つが、遺伝情報を担うＤＮＡです。ＤＮＡは、細胞が分裂する際に、自分とそっくり同じコピーをつくるために主たる役割を果たします。そのため、ＤＮＡが放射線によって破壊されて機能を失うと、細胞分裂を行って細胞の複製をつくることができなくなります。

潜伏期間と急性障害

これも序章で少し述べたように、人間の細胞にはわりと短い寿命があるので、組織全体で見るとずっとそのままであるようでも、それを構成する細胞はけっこう頻繁に入れ替わっています。この入れ替わりの際に細胞分裂によって新しい細胞がつくられています。しかし、放射線によってDNAが傷ついて機能を失うと細胞分裂ができないので、その細胞の寿命が来ても代わりに入れ替わるものがなく、細胞が減ってしまいます。放射線を浴びたとたんに細胞が死ぬわけではないことに注意してください。

放射線を浴びてから、体に障害が現れるまで、一定の潜伏期間があることが知られています。これは、上記のような細胞分裂のサイクルに他ならず、そのサイクルの終わりに身体に異常が起こるということです。

細胞分裂のサイクルは、体の各組織の細胞によってさまざまです。たとえば脳の神経細胞は、生まれた時につくられた後はほとんど入れ替わりません。そのため、放射線によってDNAが傷ついてもそれほど影響はありません。一方、頻繁に細胞分裂を繰り返す組織の細胞はその影響が大きくなります。

ただし、生物の体には修復機能が備わっています。DNAは一箇所が切れたていどなら細胞内の修復機能によって修復されます。DNAは放射線以外の原因によっても日々ダメージを受けていますが、それらは通常、ちゃんと修復されています。しかし、放射線量が高く、破壊の速度のほうが速いと、修復が追いつかなくなる場合もあります。

また、一部の組織がDNAを修復不能なまでに破壊され、複製をつくれなくなっても、破壊されなかった組織が代わりに複製をつくって穴埋めすることもできます。しかし、浴びた放射線の量がきわめて多くて、ある組織を構成する細胞の多くがDNAを破壊され複製をつくれなくなると、その組織は修復不可能になり、その生物自体の死につながります。

人間が一定量以上の放射線を一度に浴びた時に起こる障害を「急性障害」といいます。後で説明する「晩成障害」に対比した用語です。全身に浴びた放射線量ごとの急性障害は次にまとめました。これを見れば、放射線の影響を受けやすい（感受性が高い）組織もわかります。

急性障害（全身に浴びた場合）

○・二五グレイ以下：臨床的症状なし

○・二五グレイ以上：リンパ球の一時的減少

〇・五グレイ以上：骨髄の造血機能の低下、血球の供給停止
一グレイ：一〇パーセントの人が放射線宿酔
一・五グレイ以上：造血機能の低下による死亡が現れる
三〜五グレイ：五〇パーセントの人が死亡
五〜七グレイ：九〇パーセントの人が死亡
七〜一〇グレイ：一〇〇パーセントの人が死亡

その他の器官の損傷
五〜一五グレイ：消化器官（腸）の粘膜剝離により死亡
一五グレイ以上：中枢神経の破壊により死亡

皮膚への影響
三グレイ以上：脱毛
三〜六グレイ：紅斑、色素沈着
七〜八グレイ：水疱

一〇グレイ以上：潰瘍

放射線に対してもっとも弱いのは、リンパ組織や骨髄などの造血組織です。細胞分裂が盛んな細胞ほど放射線に対する感受性が高くなるからです。一度に浴びた放射線量が〇・五グレイ以下で、それ以降は浴びなければ、人間の修復力で何とか回復できます。それが〇・五グレイを超えると、修復がもう間に合わなくなっていき、一・五グレイを超えると死亡する人が現れるようになります。

白血球の長期的減少など造血機能の低下は、潜伏期を持つので、放射線を浴びてから一週間ていどたったころに症状が現われ、それが数週間続きます。浴びた放射線量が少なければ回復できますが、多いと死に至ります。三〜五グレイで五〇パーセント、五〜七で九〇パーセントの人が亡くなります。ただしこれらの値は平均値であり、放射線に弱い人もいれば強い人もいます。また、造血機能障害は骨髄移植をすれば助かる可能性がありますので、高度な医療を受けられるかどうかも生死を分けることになります。

五グレイ以上の放射線を浴びると、腸の粘膜が剥離して死亡します。腸の粘膜上皮が放射線で障害を受けて細胞分裂ができなくなると、死んだ細胞の部分に穴が空き、体液が腸内にしみ出していき、一〇日から二〇日で死んでしまうのです。

さらに一五グレイ以上の放射線を浴びると、感受性の弱い神経細胞も破壊され、全身のけいれんを起こし、五日以内に死亡します。

一方、皮膚の細胞は、神経細胞よりは感受性が高いですが、骨髄ほどではありません。皮膚への影響はぱっと見でわかりやすいので、フィクションでは放射線障害として強調されることが多いのですが、たとえば脱毛や紅斑、色素沈着、そして鼻血などの症状は、三〜六グレイで生じます。水疱なら七〜八グレイ、潰瘍なら一〇グレイ以上です。こうした影響が出ている場合は、すでに造血機能障害によって重篤な症状が出ているはずなので、すぐに病院に行って骨髄移植を受けるべきです。しかし、福島第一原子力発電所の事故の後、一部の人は放射線の影響で脱毛したり鼻血が出たと主張していました。そうした方が病院で骨髄移植の手術を受けたという話を聞いたことがなく、不思議なことです。

胎児が放射線を浴びるとどうなる？

次は、生殖器官や妊婦に対する放射線の影響を話しましょう。

放射線に対する感受性が高い組織として、生殖組織である精巣や卵巣が挙げられ、次のように浴びた放射線量によって一時的および永久的に不妊になることがわかっています。精巣のほうがより活発に細胞分裂をしているので、卵巣よりも放射線の影響を受けやすくなっています。

卵巣への被曝

〇・六五〜一・五グレイ：一時的不妊
二・五〜六グレイ：永久不妊

精巣への被曝

〇・一五グレイ以上：一時的不妊
〇・三五〜〇・六グレイ：永久不妊

胎児への影響

受精後八日（着床まで）：〇・一グレイ以上で着床できない可能性
受精後八日から八週間まで：〇・一グレイ以上で器官欠損、奇形の恐れ

受精後八〜一五週間：〇・二〜〇・四グレイ以上で精神発達遅延
受精後八週間から出生まで：〇・五〜一グレイ以上で発育遅延

一方、胎児への放射線の影響は妊娠の時期によります。受精直後は、そもそも着床ができないので子供が生まれません。受精後八日から八週間が胎児に障害が生じる可能性がもっとも高く、放射線を浴びた部分の器官がつくられずに器官欠損となる恐れがあります。一方、受精後八週間以降では、器官はすでにつくられていますが、できた器官が障害を受ける可能性があり、精神発達遅延や発育遅延などが起こる恐れがあります。

それでも、妊娠一五週間以上になれば、多少の放射線を浴びても大きな問題は起こらないといえます。「多少」という意味は、たくさん浴びた場合は、胎児だけではなく母親のほうにも影響が出るので、胎児に限った問題ではないということです。逆に妊娠初期に多量の放射線を浴びた場合は、母親に影響がなくても、胎児に影響が出る可能性に気をつける必要があります。ただし、前節の放射線量と比べてもわかりますように、この「影響が出る」放射線量は、そうとう高い量なので、福島第一原子力発電所事故での一般人の被曝量ていどでは、その影響は出ません。

放射線の影響で癌《がん》になる晩成障害

次は「晩成障害」の話です。

全身に一度に浴びた放射線量が〇・二五グレイ以下の場合には、妊娠期間中を除き、その時に生じる急性障害の症例はありません。しかしその後、数年から数十年という長い時間が経ってから、かつて放射線を浴びた影響による障害が現れることがあります。これを晩成障害といい、癌（悪性腫瘍）や白血病がよく知られています。

これも既に話したように、細胞の中のDNAはさまざまな原因で日々傷つき、そのたびに細胞はこれを修復しています。放射線以外の原因としては、食物の中の発癌物質、たばこ、環境中の化学物質、活性酸素などがあり、一日一細胞あたり一万から一〇〇万箇所の頻度でDNAは損傷を受けているといわれています。

DNAが傷つく（切断される）と、修復酵素がその傷を修復します。ところが、修復が完全に行われず、不完全に修復される場合があります。DNAが同時に何箇所も切断されて細かいパーツに分かれると、それを組み立て直すときに間違ってしまい、不完全な修復になる可能性が高くなります。そうしたDNAが細胞分裂のときに正常でない細胞をつくりだしてしまい、それが癌細胞になるのです。

ＤＮＡが修復不可能なくらい傷ついて細胞分裂ができなくなれば、癌細胞は逆に生まれません。一方、少しくらいの傷なら細胞が修復します。この両者の間の傷つき方をしたときに、癌細胞が生まれる確率が高くなるのです。ただし、生まれた癌細胞が人間の免疫機能によって破壊されることもあります。したがって癌になるかどうかは、確率的な問題です。

外部被曝と内部被曝

人体が放射線を浴びる時、人体の外側にある放射性物質から浴びる場合と、人体の中にある放射性物質から浴びる場合の二種類があります。前者が外部被曝、後者が内部被曝です。これらについてもすでに少し話しましたが、第1章の最後にあらためて触れましょう。

外部被曝と内部被曝の違いは、放射線の透過率や飛程の特徴を考えることでわかります。α線やβ線は飛程が短いので、外部被曝しても皮膚の表面で止まってしまい、体内の重要な臓器に影響を与えません。一方、γ線やX線には飛程というものがなく、透過率もとても高く、人間の身体などかんたんに抜けてしまうので、同じく透過率の高い中性子と合わせ、これらは、外部被曝と内部被曝に直接的な違いはありません（後述の理由での違いはあります）。

他方で放射性物質を体内に取り込んだ場合、α線とβ線の飛程の短さが問題となります。飛程が短いということは、ごく狭い範囲に放射線のエネルギーをすべて与えることを意味します。そのため、α線やβ線が体内の臓器に深刻な影響を与えるのです。

また内部被曝の場合は、放射性物質が体内に長期間留まること自体が問題になります。体の外に放射線源がある場合は、そこから遠ざかれば放射線を浴びずにすみます。手や皮膚に放射性物質が付着しても、洗い流せばいいのです。しかし、放射性物質を体内に取り込んでしまえば、体外に排出されるまでずっと放射線を浴び続けることになります。そうなると、飛程の短いα線・β線だけでなく、透過率の高いγ線も中性子を放出する物質もやはり危険です。

放射性物質が消化器官に入った場合、水溶性でないものは吸収されず、そのうち排出されます。水溶性のものはいったん吸収された後で、あるていどの期間をおいて排出されます。これに対して肺に入った放射性物質は、水溶性でない場合にはそこが「行き止まり」なので、長期間留まります。甲状腺にたまりやすいヨウ素や、骨にたまりやすいストロンチウムなど、特定の組織にとどまりやすい放射性物質もあります。

放射線について詳しく知りたい方は、拙著『放射線について考えよう。』（明幸堂）をご一読ください。

それでは、本書の主役とも言うべき核分裂のしくみについて、次の第2章で解説しましょう。

An Introduction to

Nuclear Weapon

Chapter

2

核分裂・核融合と核兵器の原理

原子核の分裂・融合と液滴モデル

第2章ではいよいよ核分裂と核融合のしくみ、そして核兵器の原理という、本書の肝になるところをお話しします。

第1章でもお話ししたように、原子核は陽子や中性子の間で働く強い力（結合させる）と、プラスの電荷を持つ陽子同士の間で働く電磁力（反発しようとする）との微妙なバランスの上に成り立っています。そのため、安定して存在できる原子核（安定核）の領域はごく限られ、そこから少し外れた原子核は放射線を出して余分なエネルギーを放出し、安定するのでした。それよりももっと不安定な原子核は、分裂することで安定しようとします。これが核分裂です。これとは逆に、原子核同士がくっつくほうがエネルギー的に安定する場合もあって、それが核融合になります。

原子核が分裂したり融合したりして安定する様子を、物理学者は巧みな喩《たと》えで説明しました。それは「液滴《えきてき》モデル」という、原子核を水滴にたとえたものです。

窓や机の上などに、霧吹きで水を吹きかけたときのことを考えてみてください。すると表面に小さな水滴がたくさんできます。このとき、近くにある水滴同士はくっついて、より大きな水滴になります。これは「表面張力」によるもので、水滴の表面積を最小にするように作用します。複数の水滴に分かれているよりもひとつにまとまったほうが表面積が小さくなるからです。しかし水滴があまりに大きくなると重力に負けて、小さな水滴に分裂します。表面張力の源である分子間力も、近い分子にしか作用しにくいので、強い力と原子核の関係によく似ているのです。

原子核が安定するのに、分裂したほうがいいのか、融合したほうがいいのか、それを理解するために図21を用意しました。横軸に原子核の質量数、縦軸に核子一つ当たりの質量を表したものです。縦軸の値が小さいほど、原子核が安定していることを意味します。これを見ると、鉄五六がもっとも安定していて、グラフの「谷」になっています。このグラフを坂道だとみなして坂道にボールを置くことを考えると、鉄五六より右側にボールを置けば左側にボールは転がります。これは、質量数の大きな原子核は分裂したほうが安定することを意味します。ウラン二三五は分裂したほうが安定するのです。

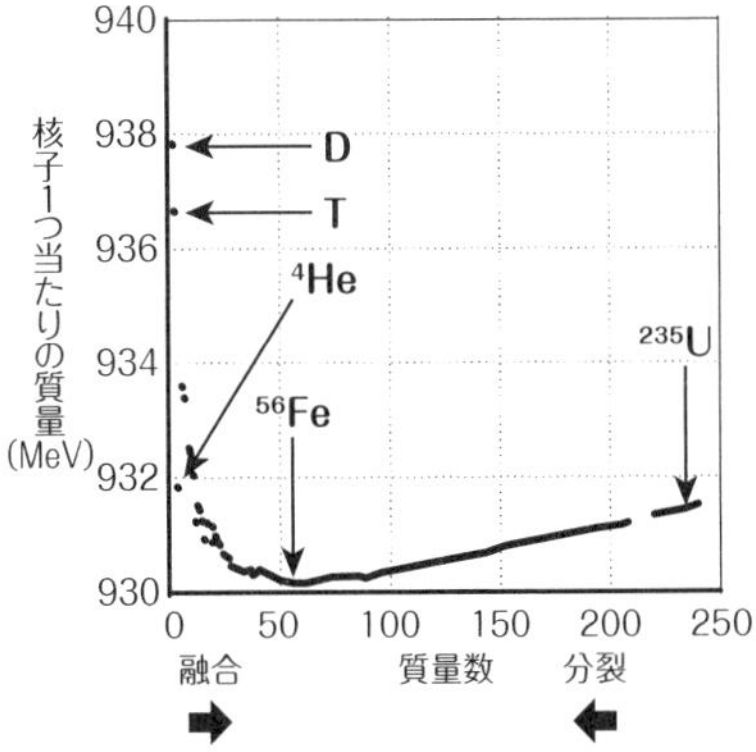

図21　原子核の分裂と融合

逆に鉄五六より左側、つまり質量数の小さな原子核だとボールが右側に転がる、つまり融合したほうが安定します。デューテリウム（陽子数一、中性子数一）、トリチウム（陽子数一、中性子数二）、ヘリウム四（陽子数二、中性子数二）などがそうです。大きな原子核は分裂したほうが安定し、小さな原子核は融合したほうが安定するのは、まさに液滴モデルのとおりです。

核分裂が起こる確率

核分裂と核融合のうち、まずは核分裂の話からしましょう。

大きな原子核は分裂することで安定しようとしますが、あまりに不安定すぎて勝手に分裂する原子核は、人類が利用することができません。勝手に起こる「自発的核分裂」の頻度を見ると、たとえばプルトニウム二四〇は一キログラム当たり四八〇〇〇〇ベクレル、つまり一キログラムのプルトニウムは一秒間に四八万回も勝手に核分裂をします。これを利用することは困難です。一方、ウラン二三五だと一キログラム当たり〇・〇〇五六ベクレルなので、自発的核分裂はほとんど起こりません。

ウラン二三五は自発的核分裂をほとんど起こしませんが、実は「不安定の一歩手前」の状態にあります。そこに中性子をひとつ吸収させると、とたんに不安定になって核分裂を起こします。これが制御できる核分裂であり、人類が利用するには最適です。中性子を与えるかどうかで核分裂を起こすかどうかを制御できるからです。このような優秀な核分裂物質はじつはあまりなくて、天然に存在するものとしてはウラン二三五、人工的につくられるものとしてはプルトニウム二三九とウラン二三三くらいです。

　これらの同位体に中性子を衝突させて、核分裂を起こすことを考えます。このとき中性子の速度（つまり中性子が持つエネルギー）によって、核分裂のようすは大きく異なります。図22は中性子のエネルギーによって核分裂の起こりやすさがどう変わるのかを示したものです。縦軸は「核分裂断面積」というもので、核分裂の起こりやすさを表します。正確には、前章で喩えたキャッチボールの守備範囲の広さと、キャッチしたときの核分裂の起こりやすさをかけ合わせたようなもので、面積が広い（大きな値にな

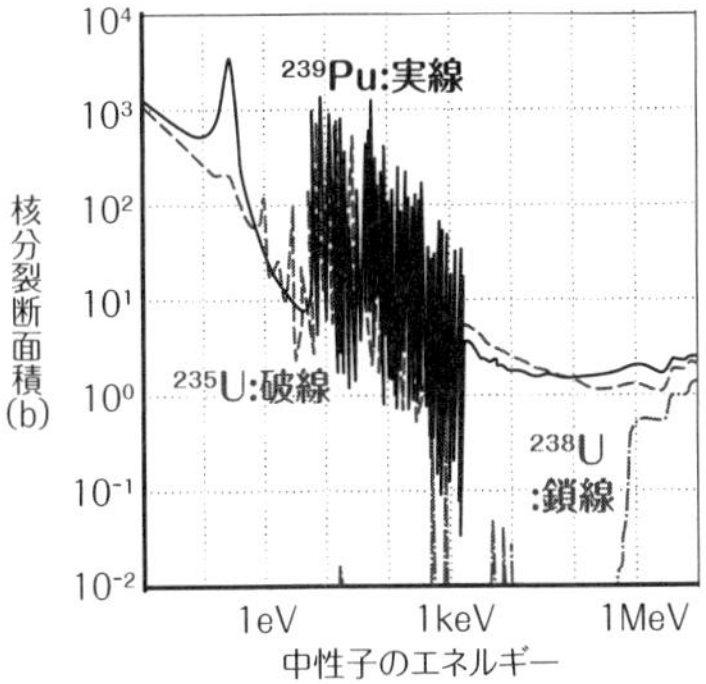

図22　中性子のエネルギーごとの核分裂の起こりやすさ

る）ほど原子核が中性子をキャッチして核分裂を起こす確率が上がることを意味します。

この図を見ると、ウラン二三五とプルトニウム二三九ではグラフが右肩下がりになっています。つまり中性子の速度が速いほど、原子核が中性子をキャッチして核分裂が起こる確率が下がるということです。第1章でも、放射線の速度が速すぎると原子を覆う電子が反応できないという話をしましたが、原子核と中性子の反応でも同じようなことが起こるのです。

なお、この図ではウラン二三八の核分裂断面積についても示しています。これは少し変わっていて、遅い中性子に対しては核分裂をほとんど起こしませんが、非常に速い中性子に対しては核分裂を起こします（グラフの右下）。天然のウランの多くを占めるウラン二三八は核分裂を起こさないと一般に言われていますが、速い中性子に対してはウラン二三五やプルトニウム二三九と同じていどの核分裂を起こすのです。このことは核兵器の動作を考える上で重要です。

核分裂が起こると何が生じるか

原子核が分裂して新たにどのような原子核ができるのかは、一意には決まらず、さまざまな原子核がそれぞれの確率で生み出されます。ここでは、一例として、ウラン二三五に中性子を一個当てて、イットリウム一〇三とヨウ素一三一という二つの原子核に分かれる反応を見てみましょう。

　この核分裂反応では、イットリウム一〇三とヨウ素一三一の他に二つの中性子も出てきます。図23のように反応の前後では陽子の数や中性子の数は変わっていません。しかし、それぞれの粒子の質量を全て足すと、ほんの少しだけ合っていません。一キログラムのウラン二三五が核分裂を起こすと〇・八グラムだけ質量が減るのです。これを質量欠損といいます。

　質量としてはわずかですが、これをエネルギーに直すと七〇テラジュール、TNT火薬の爆発力に換算して二万トン分もの莫大なエネルギーになります。

	^{235}U	+	n	→	^{103}Y	+	^{131}I	+	2n
質量数	235	+	1	=	103	+	131	+	2
陽子数	92	+	0	=	39	+	53	+	0
中性子数	143	+	1	=	64	+	78	+	2
質量	$390.215580 \times 10^{-27}$kg		1.674927×10^{-27}kg		$170.894829 \times 10^{-27}$kg		$217.326320 \times 10^{-27}$kg		$2 \times 1.674927 \times 10^{-27}$kg

$391.890507 \times 10^{-27}$kg　　$391.571003 \times 10^{-27}$kg

0.319504×10^{-27}kg の質量が消失!

1kg の ^{235}U に対して、0.8g

↓

70TJ
TNT20,000t 分

図23　核分裂前後での各値の変化

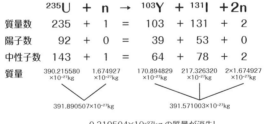

これが核兵器に利用されるエネルギーなのです。

質量欠損によって生まれたエネルギーは、その大部分が原子核の運動エネルギーとなり、一部は中性子の運動エネルギーやγ線のエネルギーとなります。序章で、核爆発のエネルギーが熱線や爆風などになって周囲に伝わり、被害をもたらすことを話しました。その源になるのはおもに核分裂によって生じた原子核の運動エネルギーで、それが周辺の物体や空気の分子に衝突してエネルギーを伝えていくのです。

核融合の「障壁」をどう乗り越えるか

次に核融合の話をします。核融合は小さな原子核が安定するために大きな原子核になろうとするものです。水滴の場合は、小さな水滴同士をくっつければ簡単に大きくなりますが、原子核の場合はくっつくまでに大きな「障壁」が二つあります。一つは、原子核の周囲を電子が覆っていて、電子同士がマイナスの電荷によって反発するので、原子核同士を近づけることができないという点です。もう一つは、電子を取り除いたとしても原子核自身がプラスの電荷を持っているので、原子核同士を近づけようとしてもやはり反発してしまうという点です。原子核同士をすぐ近くまで持ってくれば、強い力が働いて互いに引きあうのですが、そこまで近づけることが大変なのです。

　これらの障壁を乗り越えるために必要なことは、どちらも電子や原子核の運動エネルギーを高くすること、つまり温度を上げることです。温度とは、運動エネルギーの平均密度だからです。温度を上げると、つまり運動エネルギーが高くなると、電子と原子核は独立して動くようになります。これがプラズマです。これによって原子核がむき出しになり、一つめの障壁がなくなります。さらに温度を上げていくと、原子核の運動エネルギーがいっそう大きくなって、互いに衝突するくらいまで近づけるようになります。これによって、核融合を行う条件が整うのです。

　では、どのくらいの温度になると、原子核同士が核融合を行えるようになるのでしょうか。それを表したものが図24です。

　この図には、二つの代表的な核融合反応が示されています。一つめはデューテリウム同士が核融合す

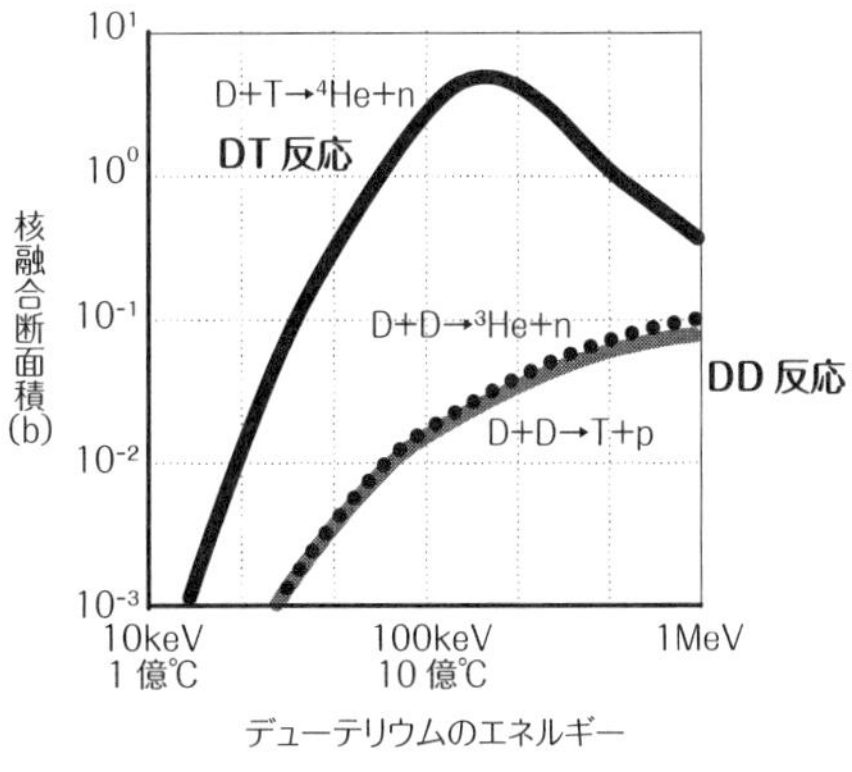

図 24　DD 反応と DT 反応の起こりやすさ

るもので「ＤＤ反応」と呼びます。ＤＤ反応には、ヘリウム三（陽子数二、中性子数一）ができる場合と、トリチウムができる場合とがあります。両方とも余った粒子が放出されますが、前者では中性子が、後者では陽子が放出されます。二つめはデューテリウムとトリチウムが反応するもので「ＤＴ反応」と呼ばれます。このときはヘリウム四ができて、中性子が一つ放出されます。

図の横軸は、打ち込むデューテリウムのエネルギーを示しています。片方の原子核（デューテリウムまたはトリチウム）を止めておき、もう片方（デューテリウム）を打ち込んだ場合の反応の様子を示したものなので、デューテリウムの運動エネルギーだけを表しています。縦軸は核融合の起こりやすさを表す核融合断面積の値です。

これを見ると、ＤＴ反応のほうがＤＤ反応に比べて二桁以上大きな核融合断面積の値になっています。つまりＤＴ反応のほうが起こりやすいことになります。この世でもっとも起こりやすい核融合反応がＤＴ反応です。なお、太陽などの恒星の内部では、水素の原子核（つまり陽子）同士が核融合して最終的にヘリウム四になるｐｐ反応が起こって、エネルギーが生み出されています。

一億度ていどでも核融合が実現できる理由

さて、DT反応のグラフを見ると、核融合がもっとも起こりやすいのは一〇〇キロエレクトロンボルト、温度に換算すると一〇億度くらいであることがわかります。しかし、一〇億度などという超高温を人類がつくり出すことには未だ成功していません。人類がつくりだした高温の最高記録は、日本の核融合実験施設JT－60が実現した五・六億度です。今のところ人類が生み出せる温度は頑張って一億度くらいがせいぜいです。

では、DT反応による核融合は現在の人類の技術では実現できないかというと、そうではありません。一億度ていどでも、一部の原子核はDT反応を行うのです。

これは、以下のような例からもわかります。雨が上がったあと、地面にできた水溜まりが蒸発していくようすを考えてみます。水溜まりの水は、水の沸点である一〇〇度に達しているわけではないのに、どんどん蒸発します。その理由は、温度はあくまでも分子の運動エネルギーの「平均値」を表すものだからです。実際には、個々の分子の運動エネルギーは様々な値を持っており、一〇〇度以上の温度に相当する運動エネルギーを持っているものもあるのです。それが先に蒸発していくので、水はどんどん減っていきます。すると、水として残った分子はまた同じようなエネルギー分布となり、そこでまた一〇〇度以上の温度に相当する部分が現われてきます。これを繰り返していくので、一〇〇度に達しない水溜まりもいずれすべて蒸発してしまうのです。

同様に、全体の温度は一億度でも、一部の原子核は一〇億度相当の運動エネルギーを持つので、それが核融合を起こします。ということで、一億度ていどの高温に達すれば、核融合は起こせるのです。

核融合によってエネルギーを取り出せるのは、核分裂と同様に反応の前後で質量欠損が生じるためです。DD反応とDT反応による質量欠損を計算すると（図25）、DT反応がもっとも効率的で、一キログラムのデューテリウムとトリチウム（合計の質量）に対して三・八グラムの質量欠損が起こり、これは三四〇テラジュール、TNT火薬に換算して八万トン分ものエネルギーになります。反応が起こりやすく、反応で生ずるエネルギーも大きいので、現在の核融合兵器はすべてDT反応を使うものになっています。

反応が連続して起こる連鎖反応とイニシエイター

ここまで説明したように、核分裂を起こすには原子核に中性子を衝突させ、核融合を起こすには高温高圧の状態にする必要があります。外部から充分な量の中性子や熱を与え続

	D	+	D	→	^{3}He (0.82MeV)	+	n (2.45MeV)
質量数	2	+	2	=	3	+	1
陽子数	1	+	1	=	2	+	0
中性子数	1	+	1	=	1	+	1
質量	3.343583×10^{-27}kg		3.343583×10^{-27}kg		5.006412×10^{-27}kg		1.674927×10^{-27}kg

6.687166×10^{-27}kg　　6.681339×10^{-27}kg

0.005827×10^{-27}kg の質量が消失!

3.27MeV

	D	+	D	→	T (1.01MeV)	+	p (3.03MeV)
質量数	2	+	2	=	3	+	1
陽子数	1	+	1	=	1	+	1
中性子数	1	+	1	=	2	+	0
質量	3.343583×10^{-27}kg		3.343583×10^{-27}kg		5.007356×10^{-27}kg		1.672622×10^{-27}kg

6.687166×10^{-27}kg　　6.679978×10^{-27}kg

0.007188×10^{-27}kg の質量が消失!

4.04MeV

	D	+	T	→	^{4}He (3.52MeV)	+	n (14.06MeV)
質量数	2	+	3	=	4	+	1
陽子数	1	+	1	=	2	+	0
中性子数	1	+	2	=	2	+	1
質量	3.343583×10^{-27}kg		5.007356×10^{-27}kg		6.644656×10^{-27}kg		1.674927×10^{-27}kg

8.350939×10^{-27}kg　　8.319583×10^{-27}kg

0.031356×10^{-27}kg の質量が消失!

17.58MeV

1kg の D+T に対して、3.8g

↓

340TJ

TNT80,000t 分

図 25　DD 反応と DT 反応における各値の変化

ければ核分裂や核融合の反応を維持できますが、これはどう考えても効率的なやり方ではありません。たとえばガスコンロを使う時、スイッチを入れると火花が飛んで点火します。これは最初に電気の点火装置で高温の火花を飛ばすことでガスを燃やすわけですが、一旦火が点くと、ガスが燃えることで生じるエネルギーで、次にやって来るガスも燃えるので、ずっと点火装置を押し続ける必要はありません。

ガスの連続燃焼のように、反応によって引き起こされたもの（ガスの場合は燃焼のエネルギー）が次の反応を引き起こすことを「連鎖反応」といいます。そして最初にその反応を開始させる点火装置に当たるものを「イニシエイター」と呼びます。

これを核分裂反応に置き換えると、最初だけ中性子を原子核に与えたら、核分裂反応そのものが新たに中性子を生み出して、それが次の核分裂を起こすという連鎖反応が起きます。

ウラン二三五に中性子一個を与えると、イットリウム一〇三とヨウ素一三一に分裂する反応については前に説明しましたが、このときには二つの中性子が出てきます。これらの中性子が次の核分裂を起こせば連鎖反応となります。ウラン二三五の核分裂は、イットリウム一〇三とヨウ素一三一に分裂するもの以外にもいろいろな種類があり、中性子が三個出てくるような分裂反応もあります。

ただし、新たに生まれた中性子のすべてが、次の核分裂に使われるわけではありません。第1章でも触れましたが、原子核に中性子が当たったとき、核分裂を起こすだけではなく、原子核にぶつかってはじき返されたり（散乱）、原子核の中で止まってしまったり（捕獲）します。一回の核分裂で生まれた中性子が、捕獲をされず、次にどれだけの数の核分裂を起こすか、という値を「再生率」と言います。

再生率は最初に与えられた中性子の速度（エネルギー）によって変わり、中性子が速いほど、値が大きくなります。たとえば核分裂で出てくる中性子（二メガエレクトロンボルト）の場合、ウラン二三五では平均二・六、プルトニウム二三九では平均三・一となります。核分裂兵器では中性子をそのまま使いますが、一般的な軽水炉では中性子を減速して使う（〇・〇二五エレクトロンボルトていど）ので、ウラン二三五の再生率は二・一と低くなります。

ウラン二三五の再生率が二・六の場合、一回の核分裂につき二・六個の中性子が、次の核分裂を引き起こします。そして新たに二・六の二乗、六・八個の中性子がその次の核分裂を引き起こします。これを五八回繰り返すと、二・六の五八乗、つまり一×一〇の二四乗となり、この五八回分で分裂した原子核をすべて足し合わせると、二×一〇の二四乗個となります（等比数列の和の計算を思い出してください）。これがちょうど、ウラン二三五の一キログラムに相当し、第二次世界大戦で広島に投下された広島型原子爆弾の反応量と同じていどになります。一回の核分裂に必要な時間はだいたい一〇ナノ秒（一億分の一秒）です。これを五八回繰り返しても一マイクロ秒（一〇〇万分の一秒）にもなりません。一〇〇万分の一秒未満で核分裂の連鎖反応が終わり、核兵器は爆発するのです。

核分裂兵器の臨界質量とは

核分裂兵器の核分裂で出てくる中性子（二メガエレクトロンボルト）の場合、ウラン二三五の再生率が二・六だというのは、先に述べた通りです。ただしこの値は、中性子が一切「外」に逃げず、すべて原子核にぶつかった場合のものになります。実際には、核燃料には有限の大きさがあるので、原子核と反応せずに核燃料の外に出ていく中性子もあり、これは新たな核分裂に寄与しません。

ここで「臨界」という言葉が登場します。臨界とは、核分裂によって新たに生まれた中性子と、新たな核分裂を起こす中性子の数の収支が釣りあった状態のことです。これはつまり、再生率が一の状態を意味します。再生率が一を超える「超臨界」になると、核分裂がどんどん進みます。一方、再生率が一に達しない「未臨界」では、やがて核分裂は止まります。

核燃料の塊（コア）があって、そこにイニシエイターによって「点火」した場合に、どのような条件がそろえば臨界状態を超え、核分裂物質が一気に核分裂を起こすのでしょうか。コアは有限の大きさなので、核分裂によって生まれた中性子がコアの端に達すると、そのまま外に逃げてしまって、核分裂に寄与しません。その分を考慮しても、再生率が一を超えて連鎖反応が起こるようにする必要があります。

どれだけの中性子が逃げるのかは、コアの形状によって左右されます。私事で恐縮ですが、私の研究所に猫が棲みついています。この猫は、夏と冬で様子が違います。夏の猫は、身体をだらしなく伸ばして寝転んでいます。逆に冬は、身体を小さく丸めて

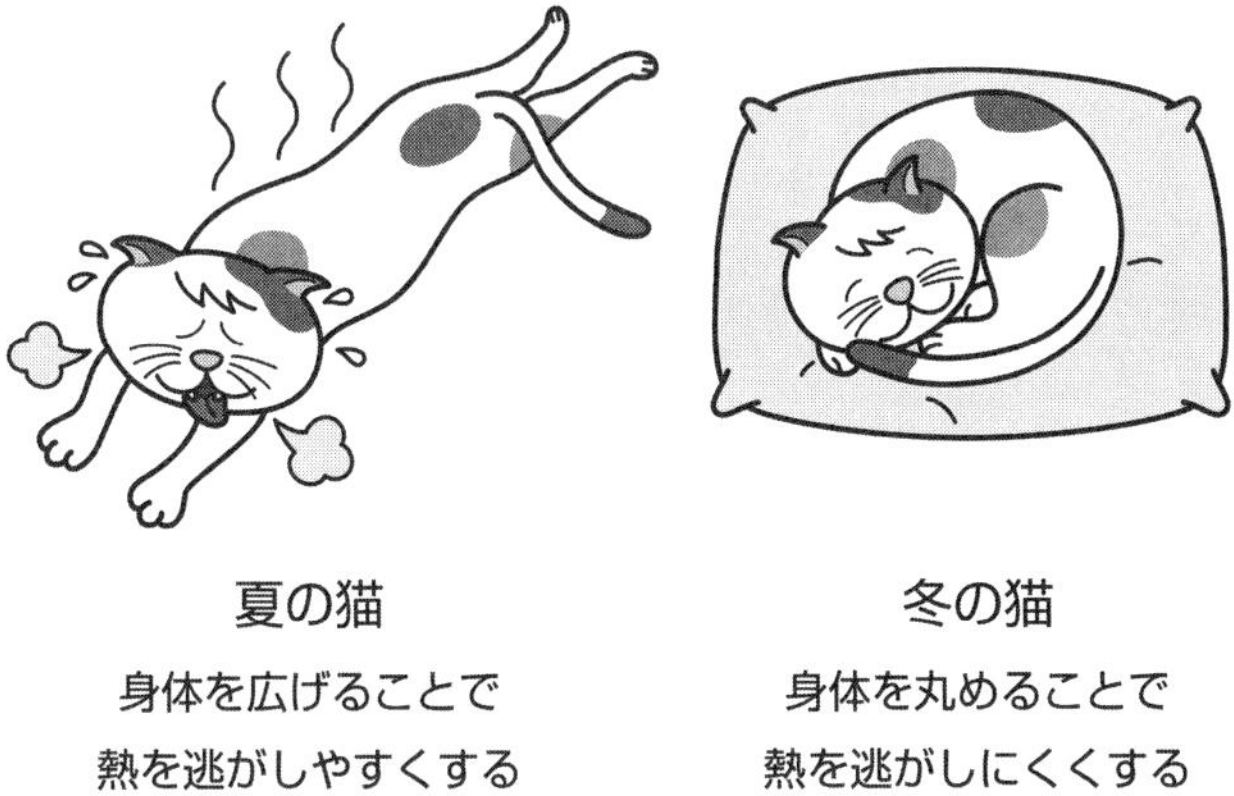
夏の猫
身体を広げることで
熱を逃がしやすくする
冬の猫
身体を丸めることで
熱を逃がしにくくする

図 26　夏の猫と冬の猫

います。これは猫の身体から熱が逃げることと関係があります。夏の間は身体を伸ばして、表面積を大きくすることで、熱を身体の外に逃がしているのです。冬は丸くなって表面積を小さくすることで、熱を逃げにくくしています。

そこで核兵器のコアは、冬の猫と同じように、形状を球にすることで中性子を外に逃げにくくして、少量でも臨界に達しやすいようにしています。逆に原子炉の燃料棒は、保存中に臨界に達すると大問題なので細長い棒状にして表面積を大きくし、臨界に達しにくいようにしてあるのです。

コアを球体にした場合に臨界に達する「臨界質量」の計算値は、ウラン二三五では五二キログラム、プルトニウム二三九で一〇キログラムです（文献値ではそれぞれ四五・六キログラム、九・九キログラム）。これだけの量の核燃料を球体にすれば、臨界に達して核分裂の連鎖反応が起こるのです。

ところで、寒いときに猫は毛布や布団の中に潜り込んできます。そのほうが、熱が外に逃げにくくなるからです。核分裂兵器の場合は、外に逃げ出す中性子を「タンパー」（連鎖反応が終わるまでの間、コアが飛び散らないようにするために、コアの外側を覆う構造物）もしくは「リフレクター」でコアを覆って、中性子をはね返すことで、猫の毛布と同じ役割をさせています。タンパーの材質には種類がありますが、性能がもっとも高いベリリウム九をタンパーに使った場合、プルトニウム二三九の臨界質量を三キログラム以下にできたとする実験データがあります。タンパーを使うことで、より少ない量の核燃料で臨界に達することができるのです。

なお、核兵器として利用する際には核燃料を臨界質量以上用意しなければなりませんが、保管の段階では臨界に達しないようにする必要があります。そのために、核燃料を小分けにしたり、タンパーの役割を果たす物体に近づけないように気をつけたりしなければなりません。

核融合の連鎖反応と臨界条件

次は核融合の連鎖反応について見てみましょう。

核融合の連鎖反応は、さきほどのガスコンロの喩えそのもので、核融合が起こるとエネルギーが発生するので、それが次の核融合を起こすことにつながれば、連鎖反応となります。核融合で発生するエネルギーと、核融合を起こすために必要なエネルギーとが釣り合ったとき、臨界に達することになります。

核融合の連鎖反応が維持される臨界条件を「ローソン条件」といい、それを図式化したものをローソン図といいます。イングランドのエンジニアであるジョン＝ローソンが考え出したので、彼の名前がつけられています（ちなみにコンビニのローソンと同じスペルで、彼が日本に来た時、あちこちに自分と同じ名前のお店があって喜んだそうです）。

ローソン図の縦軸は、原子核の密度（数密度）nと、その密度を維持できる時間τを掛け合わせた$n\tau$の値です。$n\tau$の値が大きい、つまり多数の原子核をより狭い範囲に、より長い時間閉じ込めることができるほど、核融合の連鎖反応が起こりやすくなります。しかし、原子核はプラスの電荷を持ち、互いに反発しあう上に、高温の原子核は激しく動き回るので、狭い空間に長時間閉じ込めておくことは非常に難しいのです。これが現在、核融合発電を実現する上での最大の課題になっています。

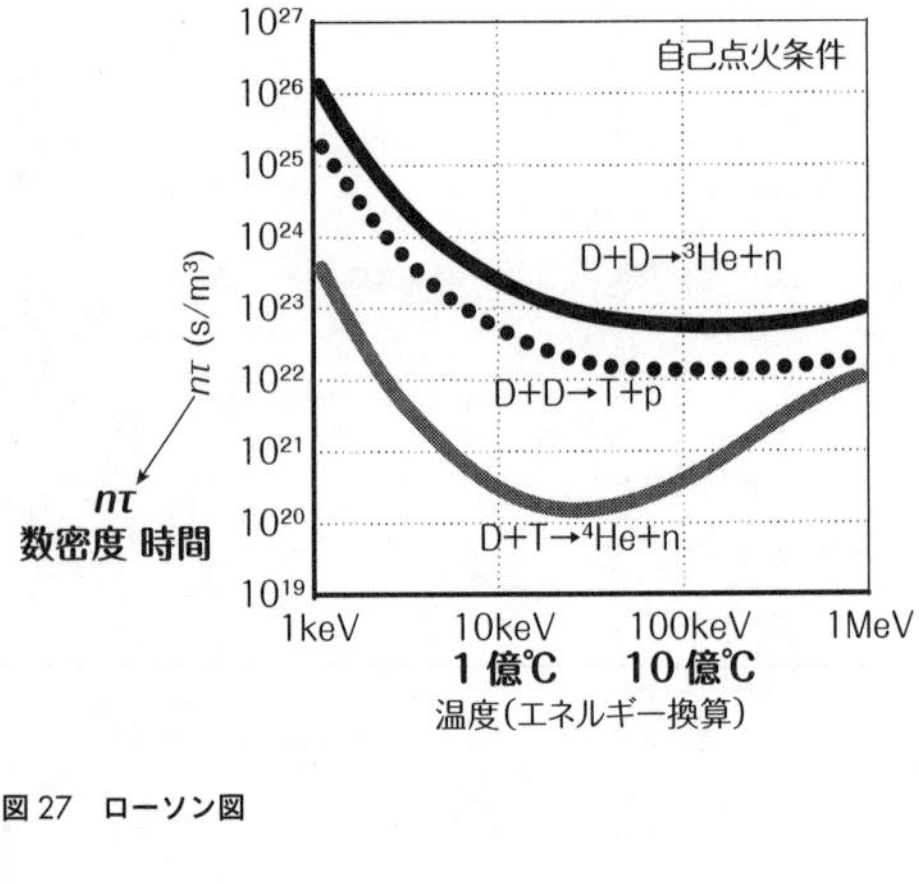

図27　ローソン図

一方、核融合兵器においては「慣性閉じ込め」という方法を使います。じつはこれは、閉じ込めというよりも成り行き任せのものです。超高温の原子核は猛スピードで動き回っていますが、これが飛び散るにしても、ある時間がかかります。その間だけ核融合に必要な密度が維持されていればいい、というのが慣性閉じ込めの考え方です。図28に、慣性閉じ込めの場合のローソン図を示します。この線の上のところで核融合が起こるので、それを満たすように、核融合兵器の作動条件を整える必要があります。

ここで、核分裂と核融合の臨界条件を比較してみましょう。核分裂反応の臨界条件には、臨界質量という概念がありました。核分裂兵器では、起爆前には未臨界、起爆時に超臨界にする必要があるために、核分裂物質に「適量（ちょうどいい質量）」というものがあり、それによって威力が決まってしまいます。

一方、核融合反応において連鎖反応を起こす条件は、

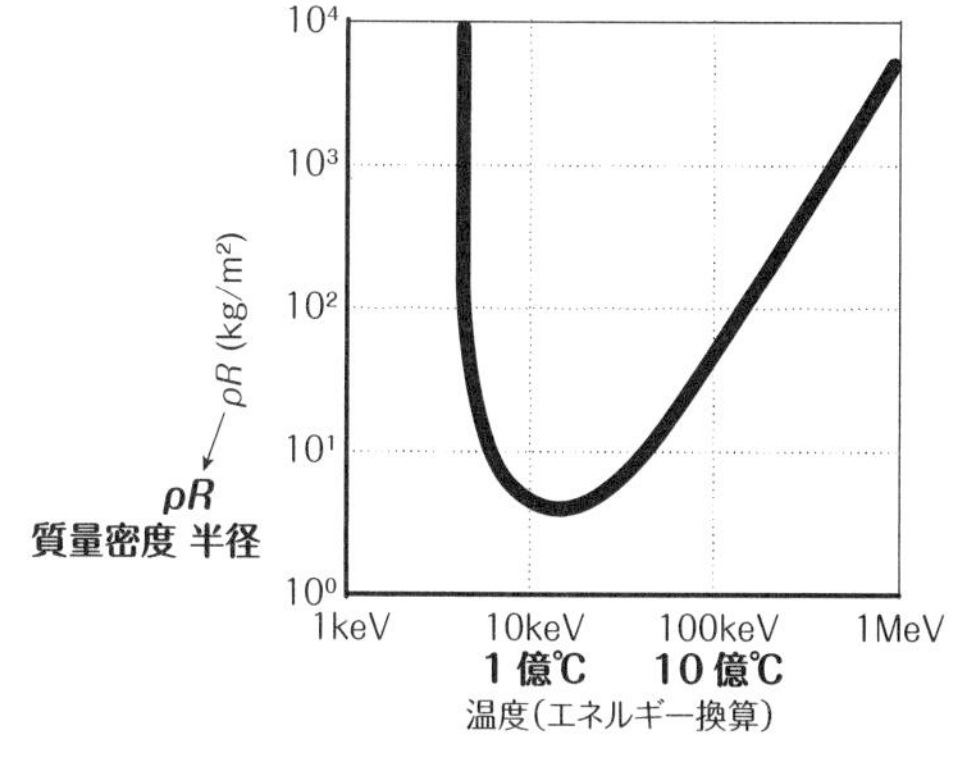

図28　慣性閉じ込めの場合のローソン図

温度、数密度、閉じ込め時間であり、質量は関係ありません。そのため、核融合兵器をつくる際に、核融合物質の量に制限はなく、核分裂兵器よりも強力な爆発力を持つものをつくることができます（ただし、あまりに多量だと、それらをローソン条件に達するようにするのは難しくなります）。

広島に投下された砲身型核分裂兵器のしくみ

それではいよいよ、実際の核兵器の構造や動作原理を説明しましょう。まずは核分裂兵器です。

核分裂兵器の基本構造は図29のように、核分裂反応を起こす核燃料であるコア、最初に核分裂を起こすために中性子を発生させるイニシエイター、コアを覆って中性子を外に逃がしにくいようにするタンパーの三つからなります。

核分裂兵器の肝になるのは、起爆前は未臨界で、起爆時に超臨界にすることです。これを実現するもっとも単純な方法は、コアを、「合体したら臨界質量を超えるが、片方ずつなら臨界質量を超えない」ような二つの塊に分けておき、起爆させたいタイミングでこれをくっつけるというしくみです。

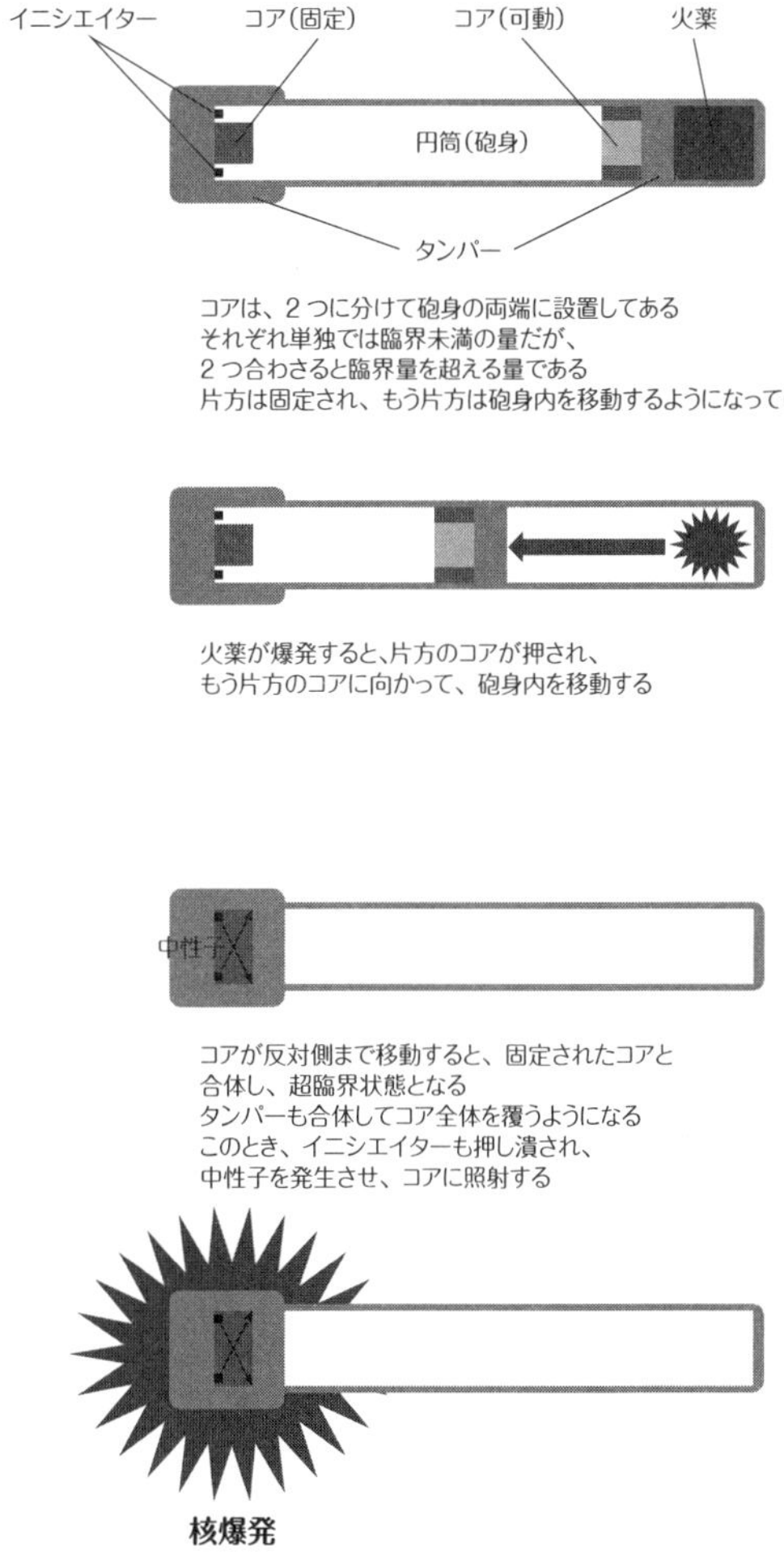
イニシエイター
コア(固定)
コア(可動)
火薬
円筒(砲身)
タンパー
コアは、2つに分けて砲身の両端に設置してある
それぞれ単独では臨界未満の量だが、
2つ合わさると臨界量を超える量である
片方は固定され、もう片方は砲身内を移動するようになっている
火薬が爆発すると、片方のコアが押され、
もう片方のコアに向かって、砲身内を移動する
中性子
コアが反対側まで移動すると、固定されたコアと
合体し、超臨界状態となる
タンパーも合体してコア全体を覆うようになる
このとき、イニシエイターも押し潰され、
中性子を発生させ、コアに照射する
核爆発

図 29　砲身型核分裂兵器の動作過程

これを実現したものが「砲身型（ガンバレル型）核分裂兵器」で、人類史上初めて実戦で使用された核兵器である広島型原子爆弾（Ｍｋ－１、コード名リトルボーイ）がこれになります。砲身内の火薬が爆発すると、片方のコアが押されて砲身内を移動し、もう片方のコアと合体して臨界条件に達します。この時、イニシエイターも押し潰されることで中性子を放出するような構造にしておきます。これは単純な仕組みなので、確実に作動します。Ｍｋ－１はテストもされずに（各部分の試験はされましたが、完成した爆弾を爆発させる総合試験はなし）、いきなり実戦使用されたのです。

ただし、砲身型核分裂兵器は反応効率が非常に悪く、Ｍｋ－１でウラン二三五の一・七パーセントていどしか反応していません。次章で説明するように、アメリカはウラン二三五の濃縮に大変な苦労をしたのですが、そのほとんどが反応せずにその場に散っただけだったのです。また、砲身型はサイズが大きく、さらに最悪なことに安全性に欠けます。何かの拍子にコアの一方が移動してもう片方と合体してしまうと、それだけで臨界質量を超えてしまうのですから。

長崎に投下された爆縮型核分裂兵器のしくみ

広島にウラン二三五を使った砲身型核分裂兵器が投下されたのに対して、長崎に投下されたのがプルトニウム二三九を使った「爆縮型核分裂兵器」（長崎型原子爆弾、Mk－3、コード名ファットマン）でした。現代の核分裂兵器はすべてこの爆縮型になっています。これはそのままだと臨界条件にならず、しかし圧力をかけて押し潰すと臨界条件になるという工夫をしたものです。ただし均一に潰さないと、圧力の弱いほうにコアが逃げてバラバラになってしまいます。

爆縮型核分裂兵器の構造を、図30に示します。中心から、イニシエイター、コア、タンパーがあり、タンパー越しにコアを押す役目をするプッシャーがあり、プッシャーを取り囲むように爆薬が配置され

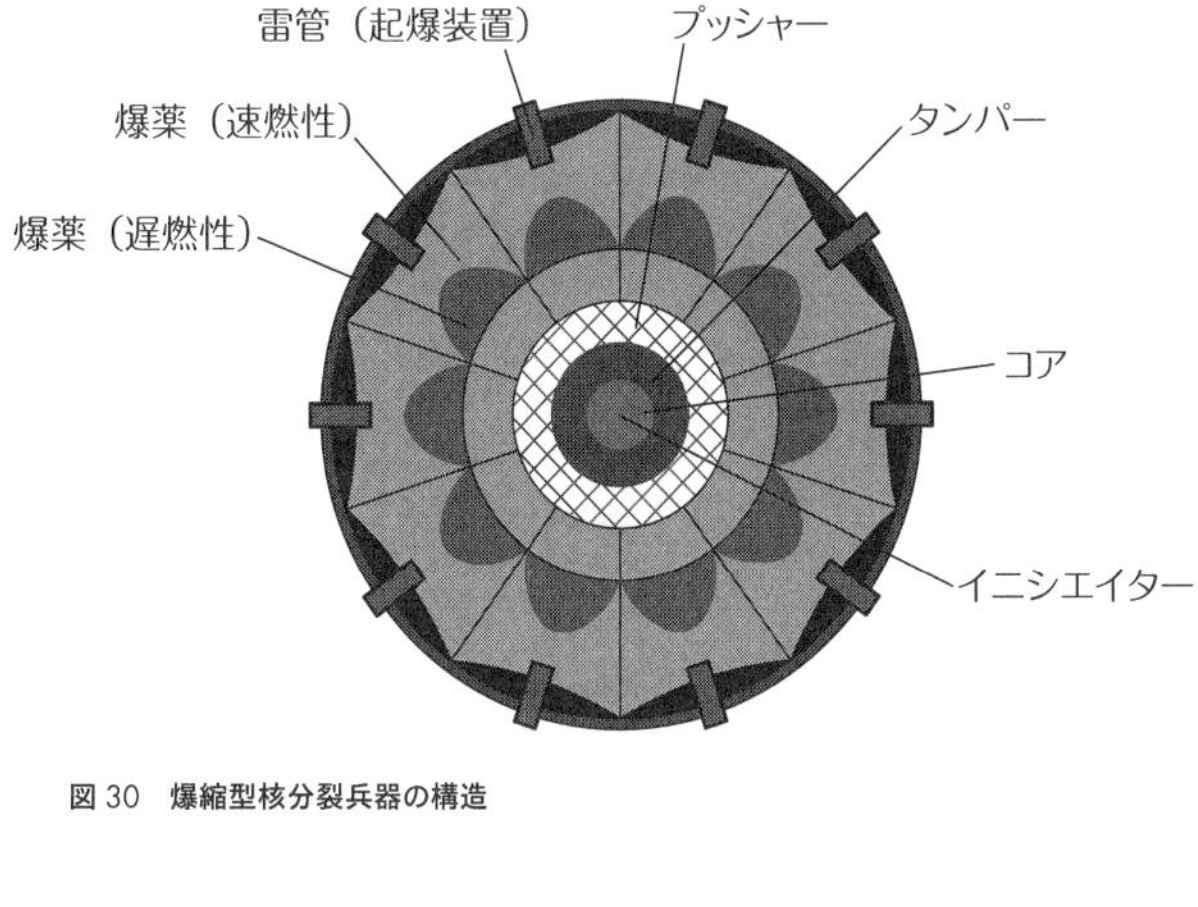

図30　爆縮型核分裂兵器の構造

ています。爆薬には速燃性と遅燃性の二種類があり、これらを巧みに組み合わせることで、雷管によって点火される場所が限られた数であっても、燃焼していくうちに衝撃波が球対称となり、プッシャーに全方向から球対称に圧力をかけて、コアを均一に潰せるように工夫されています。このように配置された爆薬のシステムを「爆縮レンズ」と呼んでいます。言葉で書くと簡単ですが、球対称に圧力をかけるためにどのように爆薬を配置すればよいかを求めるには、膨大な計算が必要であり、アメリカはコンピュータのない時代にたくさんの学者や学生を集め、人海戦術で計算を行いました。第二次世界大戦において、アメリカが核兵器開発に成功し、ドイツや日本が失敗した理由の一つは、直接的な原子核反応の技術だけではなく、それ以外のこういった各部の技術を開発できたかどうかだったのです。

爆縮型核分裂兵器のくわしい動作過程については、図31に示しますので、そちらをご覧ください。

ところで、プルトニウム二三九は天然には存在せず、ウラン二三八に中性子を当てて原子核に吸収させることで人工的につくりだします。しかしその際に、中性子を吸収しすぎてプルトニウム二四〇もできてしまいます。プルトニウム二四〇は前述のように自発的核分裂の頻度が非常に高く、イニシエイターによって中性子を与える前に勝手に核分裂を起

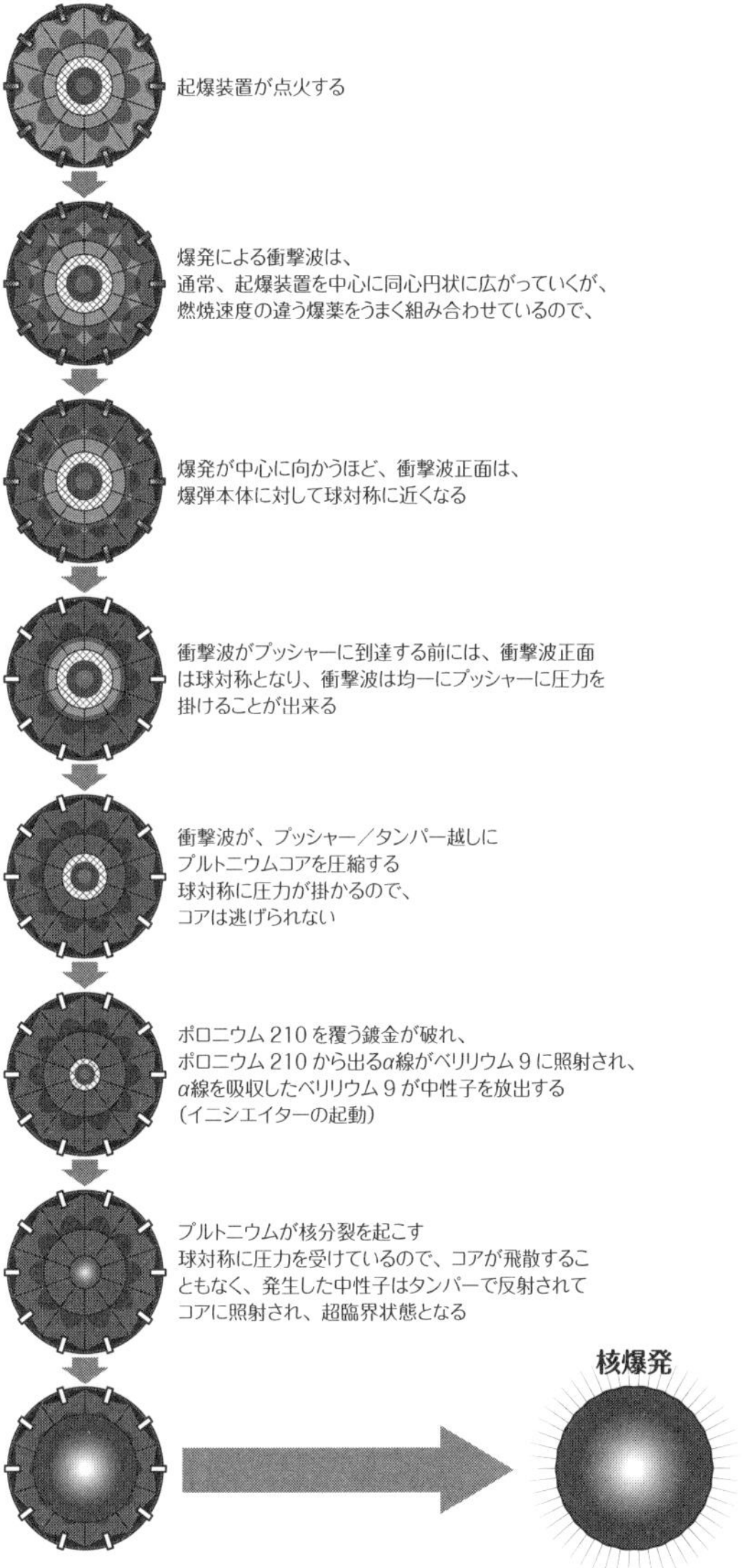
起爆装置が点火する
爆発による衝撃波は、
通常、起爆装置を中心に同心円状に広がっていくが、
燃焼速度の違う爆薬をうまく組み合わせているので、
爆発が中心に向かうほど、衝撃波正面は、
爆弾本体に対して球対称に近くなる
衝撃波がプッシャーに到達する前には、衝撃波正面
は球対称となり、衝撃波は均一にプッシャーに圧力を
掛けることが出来る
衝撃波が、プッシャー／タンパー越しに
プルトニウムコアを圧縮する
球対称に圧力が掛かるので、
コアは逃げられない
ポロニウム 210 を覆う鍍金が破れ、
ポロニウム 210 から出るα線がベリリウム 9 に照射され、
α線を吸収したベリリウム 9 が中性子を放出する
（イニシエイターの起動）
プルトニウムが核分裂を起こす
球対称に圧力を受けているので、コアが飛散するこ
ともなく、発生した中性子はタンパーで反射されて
コアに照射され、超臨界状態となる
核爆発

図 31　爆縮型核分裂兵器の動作過程

こしてしまう確率が高いです。その混入率が高いと、起爆過程の途中の意図していないタイミングで不完全な反応が起こり、コアが崩れてしまいます。これを「過早爆発」と呼びます。たとえば、シミュレイションでは、プルトニウム二四〇の割合が六パーセントていどの場合、一般的な爆縮レンズを使った起爆過程で過早爆発が起きる確率は五〇パーセントていどです。このため、核分裂兵器のコアとして使用する「兵器級プルトニウム」では、プルトニウム二四〇の割合を数パーセントに抑えています。

近代的な核分裂兵器

第二次世界大戦で広島と長崎に投下された後、人類が核兵器を実戦で使用したことはありません。しかしご存じのように、戦後の東西冷戦の中、米ソは核兵器の開発競争を繰り広げ、その過程で核分裂兵器の進化・近代化が行われました。

近代的な核分裂兵器の基本構造は、図32のようなものになります。その特徴を簡単に説明しましょう。

まず、当初はコアの内部にあったイニシエイターが、外側に移されました。当初のイニシエイターにはポロニウム二一〇が使われていましたが、その半減期は一三八日しかありません。広島や長崎に投下された時のように、つくってすぐに使うのならいいのですが、何年・何十年と保管しておくことを考えると、中心にあるイニシエイターを頻繁に交換する必要があるというのは望ましくないのです。そこで、中性子発生管という装置を外側に取りつけることが考えられました。これは小さな加速器のようなもので、非破壊検査などにも使われるので、普通に市販されています。

　次はブースターです。核分裂兵器は非常に効率が悪く、Mk-1（砲身型）で一・七パーセント、Mk-3（爆縮型）でも一五パーセントていどしかコアの核分裂物質が反応しませんでした。そこで反応効率を上げて、爆発の威力を高めようとするものがブースターです。

　ブースターの内部にはデューテリウムとトリチウムの混合ガスが入っていて、ブースター自体は本体の外側に

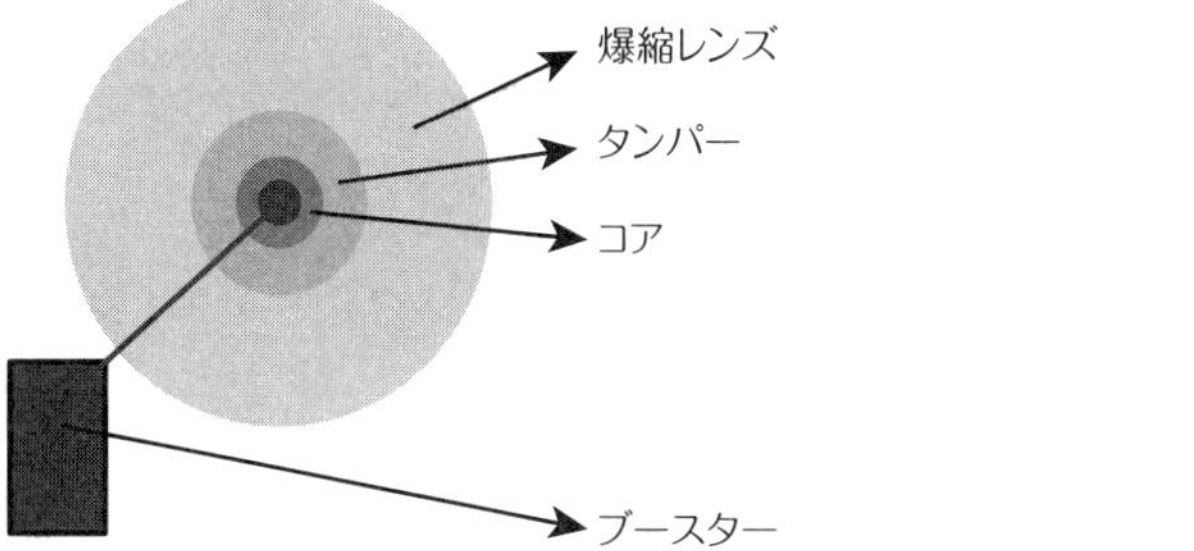

図32　近代的な核分裂兵器の基本構造

置かれています。そしてコアが圧縮されるタイミングで混合ガスをコアの中心に吹き込みます。コアでは核分裂反応が起こって高温高圧になっているので、混合ガスは核融合（DT反応）を起こし、中性子が出てきます。この中性子が出てくるというのがポイントで、これによってコアの核分裂反応がより多く起こり、反応効率が向上するのです。ブースターによって核分裂の効率は理論上は最大で八〇パーセントていどまで上がります。こうすると核出力も大幅に向上します。

ただし、単純に大きな威力の核爆弾が欲しければ、核分裂兵器ではなく、核融合兵器をつくればいいので、ブースターの意味はないと思うかもしれません。この後でも説明しますが、現在では核分裂兵器は核融合兵器の「引き金」として使われています。そこで、そのままでは臨界条件に達しないコアを、ブースターを使うことで臨界条件に達する核分裂兵器とするという利用方法が、現在主流になっています。先に見たように臨界に達するか否かは中性子次第なので、ブースターによって中性子を多量に供給してやることでその条件を改善しようというわけです。こうすることで、コアも、タンパーも、爆縮レンズも節約でき、核分裂兵器を小型化することが可能になります。タンパーが猫にかける毛布なら、ブースターは猫を暖めるヒーターのようなもので、ヒーターで熱（核兵器の場合は中性子）

を供給することで、毛布（タンパー）を節約してコンパクトにしようというわけです。また、「出力調整型核兵器」といって、目標に応じて爆発の出力を調整できる核兵器にも、出力の調整用にブースターが使われていると考えられています。

それから爆縮レンズに関しては、高度な技術を駆使した例として、図33のような「二点点火式」をご紹介しましょう。ちょうどフットボールのような形状にして、雷管（起爆部分）は二点だけなのに、タンパーに球対称に圧力をかけられるような設計になっています。コンピューターが発達して、高度なシミュレイションができるようになり、こうした形状を設計できるようになったのです。ミサイルに搭載する核弾頭の形状としては、こうした細長いもののほうが都合がいいということも利点に挙げられます。アメリカで最高の技術でつくられた核弾頭W88は、この二点点火式になっていることがわかっています。

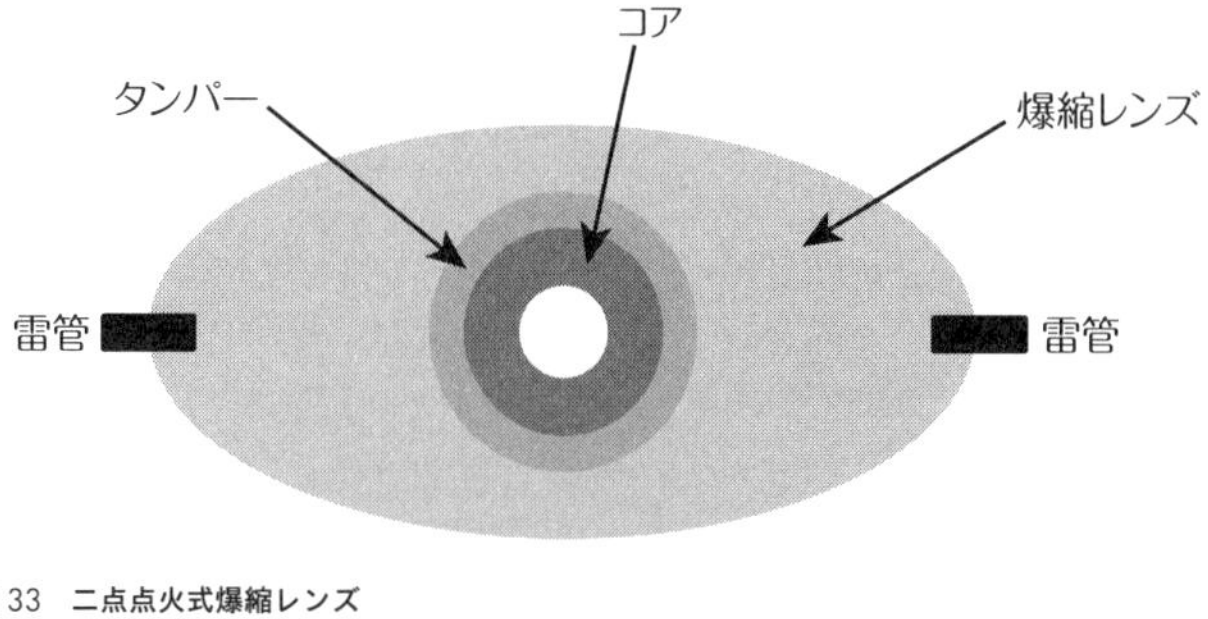

図 33　二点点火式爆縮レンズ

核融合兵器をどのようにつくるか

第2章の最後に、人類が生み出した究極の兵器である核融合兵器のしくみを話します。核融合兵器の最大の利点は、繰り返しになりますが質量の上限がないことです。核分裂兵器では臨界質量というものがあるために、巨大な威力のものをつくることができず、ブースターによる威力の調整だけが可能です。これに対して核融合兵器は、ローソン条件さえ達成できればいくらでも巨大な威力のものをつくれます。

核分裂兵器の威力の最大記録は、ブースターなしで五〇〇キロトン、ありで七二〇キロトンというものが過去の核実験で残っています。これに対して核融合兵器では五七メガトン（五七〇〇〇キロトン）という、文字通り桁違いの記録があります。核融合兵器のほうがはるかに巨大な出力を達成できるので、世界の核兵器の主流は核融合兵器に移ったのです。

さて、さきほど核分裂兵器でブースターの話をしましたが、ブースターの内部にはデューテリウムとトリチウムの混合ガスが入っていて、コアが圧縮されるタイミングで混合ガスをコアの中心に吹き込みます。すると核分裂反応によって高温高圧になっているので、混合ガスは核融合（DT反応）を起こすのです。そこで、ブースターで大量の混合ガスを吹き込めば、威力の大きな核融合兵器ができると思われるかもしれません。しかし、ブースターで入れているのはガスなので、大した量を入れることができません。

　では、密度の小さなガスではなく、密度の大きな固体の核融合物質を最初からコアの中心に入れておき、これを爆縮レンズで圧縮する方法は、どうでしょうか。この場合は「核融合物質をローソン条件を満たすほど圧縮するには、どれだけの圧力が必要か」という問題が出てきます。計算すると、ペタパスカルというとんでもない単位の圧力が必要だとわかります。ペタは一千兆を表す接頭辞で、爆縮レンズで生み出せる圧力が〇・〇三テラ（三〇〇億）パスカルていどです。したがって、コアの中心に固体の核融合物質を入れておく方法もよくないのです。

　そこで考え出されたのが、序章でも図だけ紹介した「テラー＝ウラム型熱核兵器（核融合兵器）」です（図34）。これは、核融合物質を核分裂物質の内部に置くのではなく、

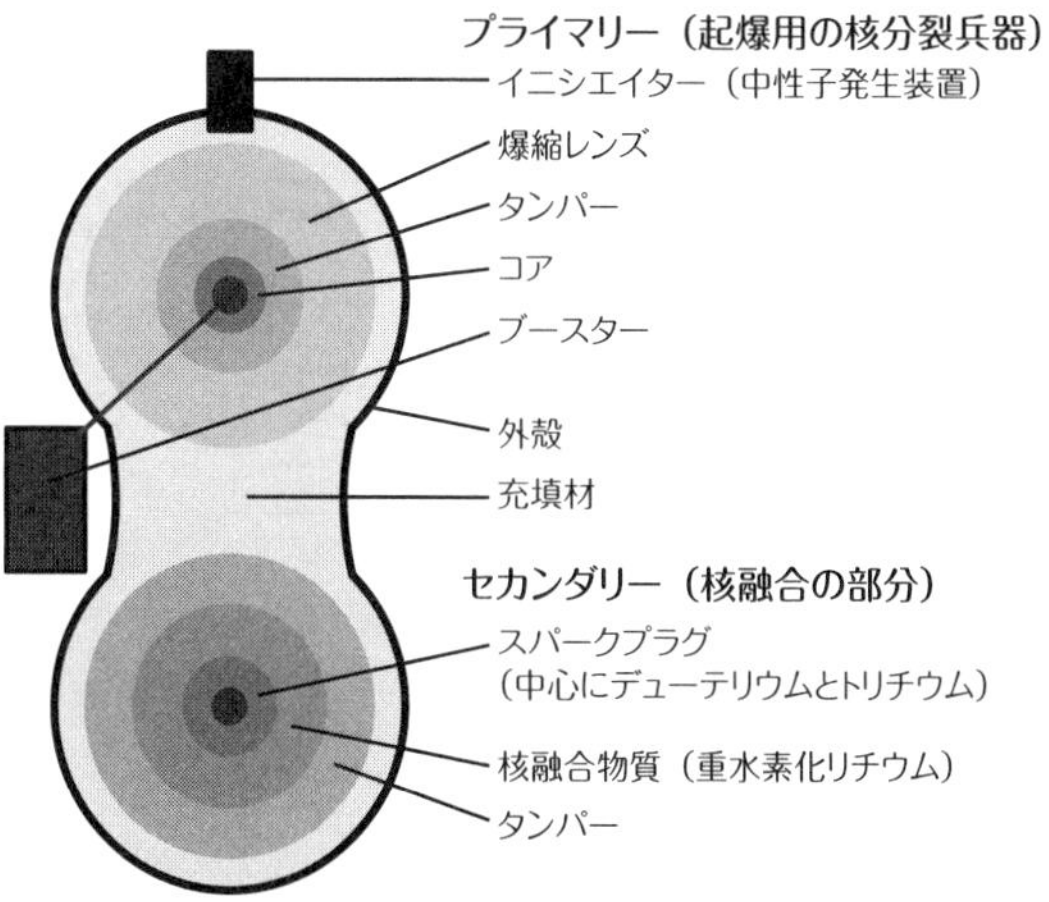

図34　テラー＝ウラム型熱核兵器（再掲）

横に置くというものです。上側が起爆用の核分裂兵器である「プライマリー」（第一段階という意味）、下側が核融合兵器の部分である「セカンダリー」（第二段階）と呼ばれる部分になります。

テラー＝ウラム型熱核兵器を考え出したのは、ハンガリー生まれのユダヤ人物理学者テレル＝エデ（英語名エドワード＝テラー）と、ポーランド生まれのユダヤ人数学者スタニスワフ＝ウラムです。国民社会主義ドイツ労働者党政権の迫害を逃れ、アメリカに亡命した二人の科学者によって考え出されたこのしくみは、一九五二年に初の熱核兵器実験（水爆実験）に成功して以来、現在でも基本的に同じ原理のものが使用されています。

プライマリーとセカンダリーを横に並べて置くことの利点の一つは、セカンダリーつまり核融合兵器の大きさをプライマリーの構造とは無関係にできることです。臨界質量がないことが核融合兵器の一番のよさであったのに、これを臨界質量がある核分裂兵器の中に置いて形や量を制限してしまったら、よさが消えてしまいます。並べて置くことで大威力の核兵器が実現できるのです。

テラー＝ウラム型熱核兵器の動作原理

テラー＝ウラム型熱核兵器のプライマリーは、近代的な爆縮型核分裂兵器と同じしくみです。爆縮レンズが起爆して、その衝撃波がタンパーを圧縮し、タンパーがコアを圧縮します。そしてブースターがデューテリウムとトリチウムの混合ガスをコア内部に噴射します。そしてイニシエイターが中性子を照射すると、核分裂の連鎖反応が起こってプライマリーが爆発します。

この爆発によって、コアの原子核が激しく運動して、X線が発生します。X線はプライマリーとセカンダリーの間にある固体の充填剤やセカンダリーに照射され、これを加熱します。すると充填剤は蒸発して高温のプラズマになり、ものすごい圧力を生み出すと同時に、自身もX線を放出します。やかんの口を閉じて内部の水を沸騰させているような状態です。それに加えてX線を吸収したセカンダリーのタンパーも超高温になり、外側が急激に蒸発して飛び散る「アブレイション」という現象を起こします。すると、内側は運動量保存の法則により、内向きに押し込められます。このアブレイションの効果のほうがはるかに大きく、核融合物質は一層圧縮されるのです。

計算をしてみると、生み出される圧力は数ペタパスカルにもなります。このものすごい

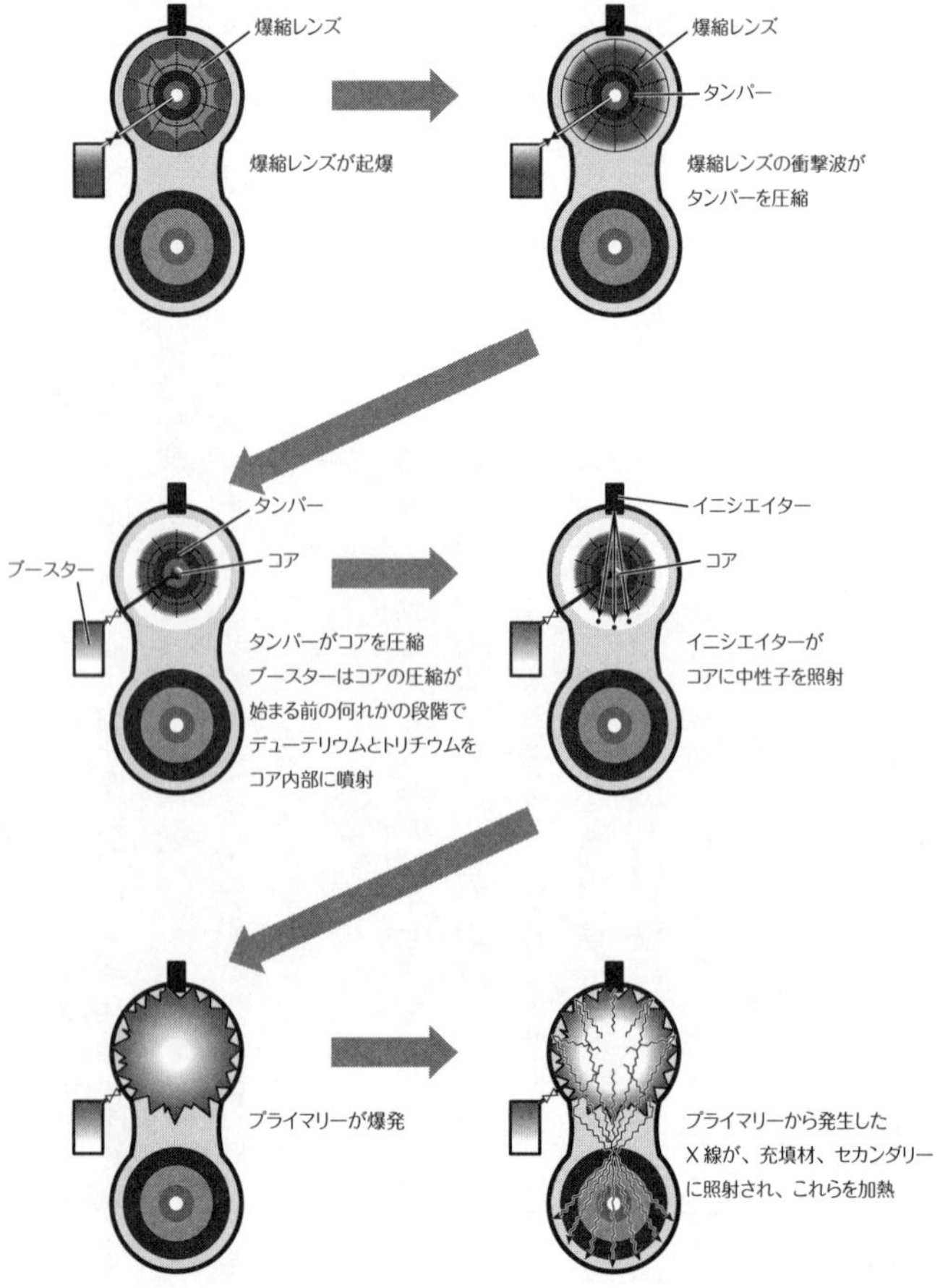
爆縮レンズ
爆縮レンズが起爆
爆縮レンズ
タンパー
爆縮レンズの衝撃波が
タンパーを圧縮
タンパー
コア
ブースター
タンパーがコアを圧縮
ブースターはコアの圧縮が
始まる前の何れかの段階で
デューテリウムとトリチウムを
コア内部に噴射
イニシエイター
コア
イニシエイターが
コアに中性子を照射
プライマリーが爆発
プライマリーから発生した
X 線が、充填材、セカンダリー
に照射され、これらを加熱

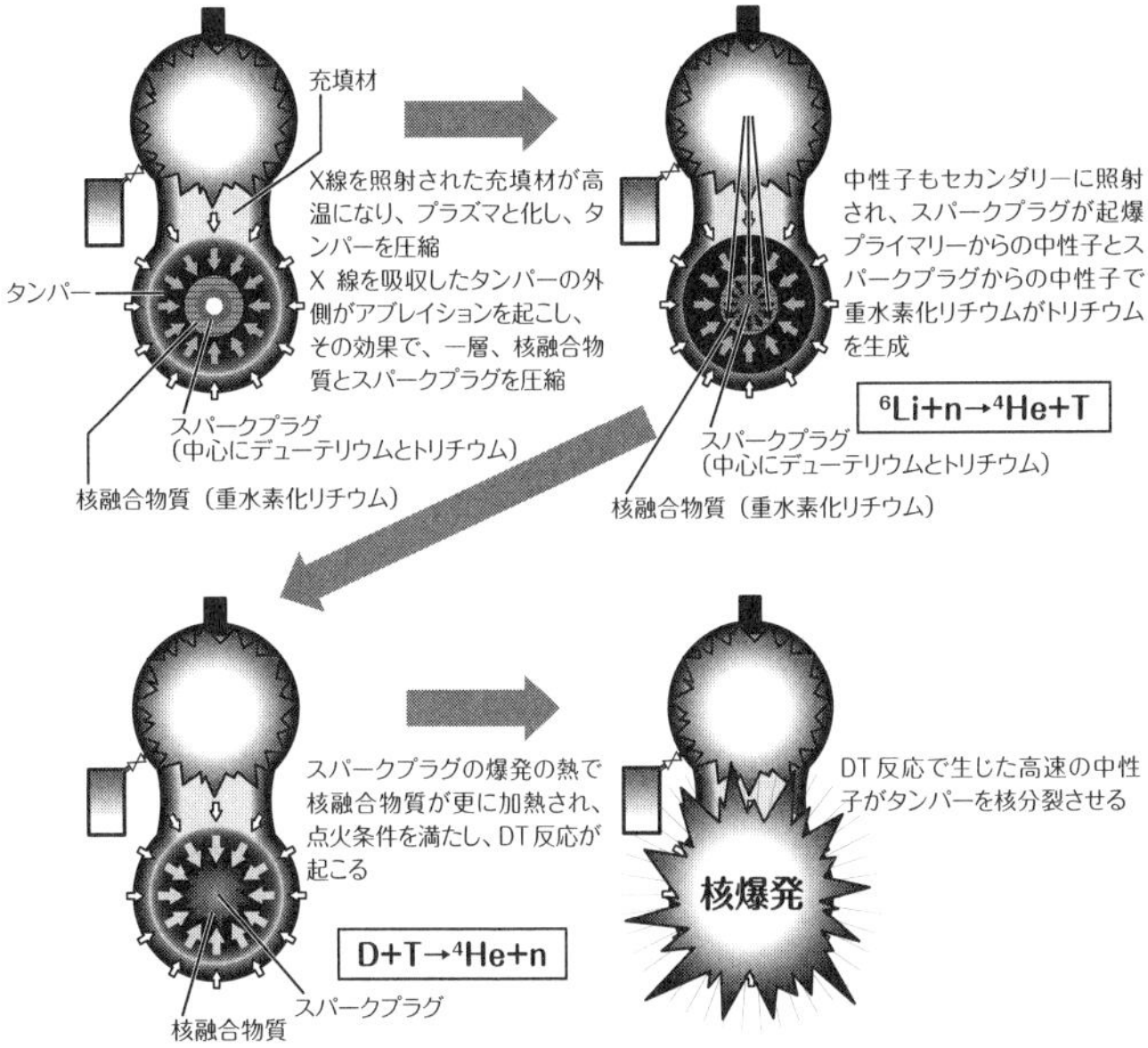

図 35　テラー＝ウラム型熱核兵器の動作原理

圧力が核融合物質と内部のスパークプラグ（核分裂物質でできている）を圧縮して、それぞれローソン条件と超臨界に達します。ここで、プライマリーからやって来るもう一つの放射線である中性子が、超臨界に達したスパークプラグに照射され、スパークプラグが核分裂を起こして爆発します。これにより、スパークプラグは核融合物質にさらに圧力を加えるとともに、中性子も供給します。プライマリーとスパークプラグからの中性子が核融合物質である重水素化リチウム六（デューテリウムとリチウム六の化合物）と反応すると、リチウム6が中性子を吸収してヘリウム四とトリチウムができます。こうしてできたトリチウムと、重水素化リチウムを構成していたデューテリウムがDT反応を起こし、核融合の連鎖反応が起こってセカンダリーの核爆発となるのです。

さらに、タンパーの材料にウラン二三八を使っておくと、DT反応で生まれた高速の中性子がウラン二三八を核分裂させます。ウラン二三八は通常は核分裂をしないのですが、高速の中性子が衝突すると核分裂を起こすこともあるとお話ししました（九二頁参照）。これを利用することで、タンパーでも核分裂を起こし、威力をより強力にできるのです。

An Introduction to

Nuclear Weapon

Chapter

3

核兵器開発の歴史と核関連の兵器について

核分裂の発見から核兵器開発の開始まで

本章の前半では、核兵器開発の歴史をひもときます。

一九三八年一二月、ドイツ人化学者のオットー＝ハーンとフリッツ＝シュトラスマンが、核分裂現象を発見しました。彼らはウランに中性子を当てる研究をしていて、ウランよりずっと軽い元素であるバリウムができることを見つけたのです。しかし彼らは化学者だったので、なぜバリウムができたのか、この現象が何を意味するのかがよくわかりませんでした。

そこでハーンは、知り合いのリーゼ＝マイトナーに手紙で質問を送りました。オーストリア出身のマイトナーは原子核物理学者で、長くドイツで研究をし、ハーンの同僚でもありました。しかし彼女はユダヤ人だったため、当時の国民社会主義ドイツ労働者党政権の迫害を受け、その年の夏にスウェーデンに亡命していたのです。そんなマイトナーの元にハーンからの手紙が届いた時、マイトナーの甥の物理学者オットー＝ロベルト＝フリッシュがクリスマス休暇で訪ねてきていました。フリッシュもユダヤ人で、当時はイングランドに亡命していました。そんな二人の物理学者がハーンからの手紙を読み、「これは核分裂だ」と一発で見抜いたのです。

核分裂発見のニュースを亡命先のアメリカで聞いたのが、ハンガリー出身のユダヤ人物理学者シラルド＝レオ（英語名レオ＝シラード）です。シラルドはすぐに、核分裂がドイツで発見されたということは、ドイツがこれを兵器にするのではないかと考えました。このことを彼はアメリカ合衆国大統領に伝えたいと思いましたが、一介の物理学者の声を大統領に届けるのは大変です。

しかしアメリカには、世界でもっとも有名な物理学者が、やはり迫害を逃れて亡命していました。みなさんもご存じであろうアルベルト＝アインシュタイン、相対性理論で有名なドイツ出身のユダヤ人物理学者です。そこでシラルドは、核分裂を使った強力な兵器をドイツが開発する可能性があること、アメリカも物理学者と協力して核分裂の研究を行うべきこと（核兵器を開発すべきとは書かれていません）を伝える手紙を書き、これに署名してくれるよう、アインシュタインに依頼します。アインシュタインは快く引き受けて手紙に署名し、彼の知名度もあってその手紙は大統領に届けられることになりました。「アインシュタインは核兵器開発に携わった」という誤解がありますが、彼が実際にしたのは、この手紙に署名したことだけです。

手紙がアメリカ合衆国大統領フランクリン＝ロウズヴェルトの元に届いたのは一九三九

年一〇月一一日のことでした。すでにドイツは九月一日にポーランドに侵攻し、第二次世界大戦が始まっていました。手紙を読んだロウズヴェルト大統領は、その一〇日後の一〇月二一日に「ウラン諮問委員会」を開催します。シラルドやテレル＝エデが物理学者として委員会に出席しました。これがアメリカの、そして世界の核兵器開発の始まりでした。

マンハッタン計画のスタート

翌一九四〇年、マイトナーの甥であるフリッシュと、ドイツ出身のユダヤ人物理学者ルドルフ＝パイエルスは、核分裂を利用した兵器が成立することを理論的に示しました。これは「フリッシュ＝パイエルス・メモランダム（覚書）」と呼ばれています。それまでは、核分裂が見つかった、核分裂を使った兵器がつくれるかもしれない、というていどの認識でしたが、彼らはそれをきちんと計算して、核兵器が現実につくれること（現実的に集められる量のウランから、一瞬で連鎖反応が起こる、充分な威力のある兵器がつくれること）を示したのです。パイエルスは一九三三年にイングランドに亡命していました。

一九四一年一二月七日（アメリカ時間）、日本がハワイを空襲して太平洋戦争が開戦し、その四日後にはイタリアとドイツがアメリカに宣戦布告しました。そして、アメリカは正式に核兵器開発を決定したのです。

一九四二年八月、アメリカ陸軍の工兵軍団の中に「マンハッタン工兵管区」が設立され、核兵器開発計画が本格的に開始されました。これが「マンハッタン計画」の名前の由来です。ニューヨークのマンハッタン地区に基地があったわけではなく、秘匿名として付けられたものです。

このプロジェクトに、学者側と軍人側からそれぞれ一人ずつリーダーが任命されました。学者側のリーダーは、ユダヤ系移民の物理学者ユリウス＝ロベルト＝オッペンハイマーでした。彼の父がアメリカに移住したのは彼が生まれる前で、彼自身はニューヨークで生まれました。彼はこのときすでに天体物理学と原子核物理学の分野で大きな業績を上げた学者でしたが、この仕事を任されたとき、天才的なマネイジメント能力を発揮しました。彼がいたからこそマンハッタン計画は成功したといえます。もう一人の軍人側のリーダーは、レズリー＝リチャード＝グロウヴズJr.大佐（着任後に准将に昇格）です。彼は戦争省庁舎（後の国防省庁舎）、通称ペンタゴンの建設の責任者を務めていた人物で、原子爆弾の投下目標の決定に際しても主導的な役割を果たしたとされています。

ここまでに登場した人物の中で、ユダヤ人・ユダヤ系の人が非常に多いことに、皆さんも気づかれたかと思います。この歴史を見ると、核兵器はいわば、国を追われたユダヤ人たちの怨念によってつくられたかのようです。

ウラン濃縮の二つの方法

マンハッタン計画の最大の障壁は、核燃料であるウラン二三五とプルトニウム二三九をどうやって調達するかという問題でした。そしてこれは、今でも核兵器開発における最大の障壁です。

ウラン二三五は天然ウラン中に〇・七パーセントしか存在せず、残りの大部分をウラン二三八が占めます。ウラン二三五とウラン二三八は化学的性質がほぼ同じなので、化学的な方法で分離することはほぼ不可能です。そこで、何らかの物理的方法でウラン二三五を特定の部分に偏在させ、その部分を取り出す「濃縮」を繰り返して、ウラン二三五の濃度を高くしていくことが考えられました。これを「ウラン濃縮」といいます。

最初に実用化されたウラン濃縮の方法は「ガス拡散法」でした。これは素焼きのような多孔質の膜に、ガス状にしたウラン(化合物)を通すだけという、原理としては非常に簡単なものです。素焼きの細かい穴を通るとき、ウラン二三五のほうが二三八に比べて通りやすさがわずかだけ異なるので、ごくわずか（〇・四三パーセント）濃度が高くなります。これを何度も繰り返してウラン二三五の濃度を高くしていくのです。

マンハッタン計画では、図36のようなやり方で濃縮装置を何段も重ねた「カスケイド」をつくり、ウラン濃縮を行いました。カスケイドとは段々になった滝のことを意味します。テネシー州オークリッジに建設されたクリントン工兵工場では、カスケイド二九九六段というものすごい工程でウラン濃縮を行いました。クリントン工兵工場は建設当時、世界最大の工場でした。

マンハッタン計画で実施されたもう一つのウラン濃縮の方法は「電磁分離法」です。イオン化したウランを磁場の中に通すと、磁場から力（ローレンツ力）を受けて曲がるのですが、ローレンツ力は電荷量と速度と磁場で決まるので、ウラン二三五も二三八も同じだけ

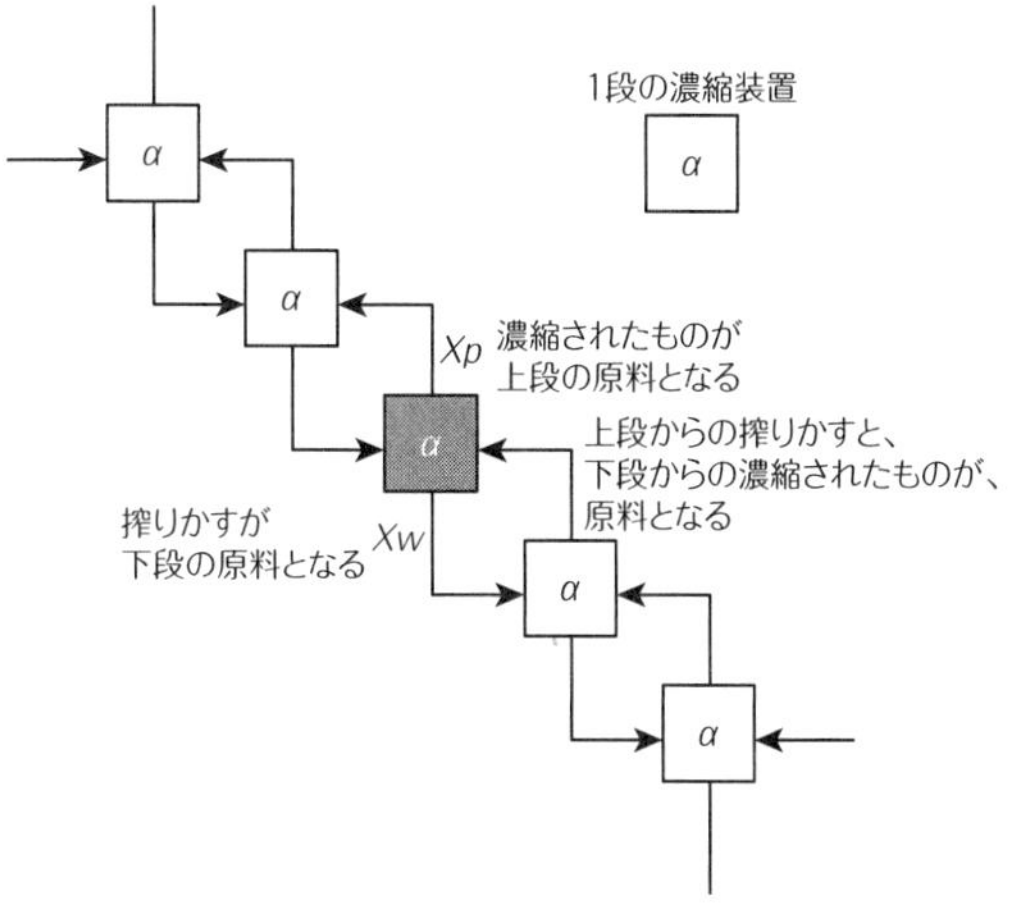
1段の濃縮装置
α
α
α
α
α
α
Xp
濃縮されたものが
上段の原料となる
上段からの搾りかすと、
下段からの濃縮されたものが、
原料となる
搾りかすが
下段の原料となる
Xw

図36　ガス拡散法によるウラン濃縮におけるカスケイド

の力を受けます。しかし重さはわずかにウラン二三八が重いので、ウラン二三八はあまり曲がれずに外側の軌道を描き、軽いウラン二三五はよく曲がって内側の軌道を描きます。一八〇度ほど曲げると、両者の到達場所はそれなりに違ってきます。これをそれぞれの到達場所に置いた回収器で集めます。この方法の分離能力は非常に高く、一度で高純度のウラン二三五を集められます。しかしウランがわずかな量ずつしかイオン化できないことと、これを行う「カルトロン」を動かす必要があり、莫大な電力を用意しなくてはならないという欠点がありました。

アメリカはクリントン工兵工場の中に、一一五二基のカルトロンを並べた施設「Y－12」を建設しました。その建設費は五億七〇〇〇万ドル、現在の貨幣価値に直すと八〇億ドルに相当します。円に換算すればざっと一兆円です。一九四四年六月に本格的に稼働を開始して、一九四五年九月の一部操業停止まで、工場が本格的に稼働したのはわずか一年三か月でした。戦争の最中に、たった一年三か月しか稼働しない工場を一兆円かけてつくることができる、これがアメリカの経済力でした。

この電磁分離法は、莫大な電力を喰うために非経済的で、研究用に同位体を分離するために使われるものであって、本来は兵器用や原子炉用の核燃料製造に使われるものではありません。マンハッタン計画でそれを使ったのは、極めて短期間に高濃縮ウランを得るため、時間を金で買ったようなものです。

プルトニウムを原子炉でつくりだす

次に、マンハッタン計画におけるプルトニウム二三九の製造について説明します。

プルトニウム二三九は自然界に存在しないので、人工的に製造するしかありません。その方法は、原子炉の中でウラン二三八に中性子を捕獲させるものです。中性子を捕獲したウラン二三八はウラン二三九になりますが、これが半減期二四分でβ崩壊してネプツニウム二三九になり、さらに半減期二・四日でまたβ崩壊してプルトニウム二三九になります。

プルトニウムが発見されたのは一九四一年のことでした。発見者はアメリカの物理学者グレン＝シーボーグで、加速器を使って新しい元素を次々とつくりだす「新元素マニア」でした。彼の名前から付けられた「シーボーギウム」という元素もあります。そして翌一九四二年には、プルトニウム生産のための実験炉「シカゴ・パイル1」がつくられました。これが人類初の原子炉です。原子炉はもともとプルトニウム生産のための設備で、これを商用発電に使うようになったのはもっと後のことです。

実験炉シカゴ・パイル1の研究グループを率いたのは、イタリア出身の天才物理学者エンリコ＝フェルミでした。私はニュートリノの研究をしていますが、ニュートリノの名付け親がフェルミです。素粒子物理学の誕生・発展に多大な貢献をしたフェルミは、奥さんがユダヤ人でした。一九三八年、フェルミは奥さんとともにノーベル物理学賞の授賞式に出席するためにイタリアを出国してスウェーデンを訪れ、そのままアメリカに亡命しました。当時、イタリアのファシスト政権はユダヤ人弾圧を始めており、奥さんが捕まる可能性があったからです。ちなみに、アメリカのニュートリノ実験の中心地はイリノイ州にあるフェルミ国立加速器研究所（通称フェルミラボ）ですが、ここは現在私たちが行っているニュートリノ研究（ニュートリノ振動という現象を精密に測定するT2K実験）の最大のライバルであり、出張で最もよく訪れる場所でもあります。

シカゴ・パイル1でプルトニウム製造がうまくいくことがわかったので、オークリッジの試験炉を経て、ワシントン州ハンフォードに「ハンフォード・サイト」という本格的な生産炉がつくられました。現在はすでに閉鎖されていますが、ここでアメリカのプルトニウム二三九の六割が生産されました。

ドイツも日本も核兵器の原理はわかっていて、核兵器開発に取り組んでいました。しかし最も困難なウラン濃縮やプルトニウム製造をどうしても実現できなかったのです。なぜアメリカは核兵器開発に成功し、ドイツや日本は失敗したのか、その答えがここにあります。第二次世界大戦の総力戦の最中であるにもかかわらず、アメリカに亡命した物理学者を含む、あらゆる分野の科学者や理系の学生を総動員し、莫大なお金を投じて核兵器開発ができたのは、アメリカだけだったのです。

人類初の核爆発

ウラン二三五とプルトニウム二三九という核燃料が用意できたので、後はこれを核爆弾にして起爆させるだけです。核爆弾の構造については、前章ですでに説明しましたが、これをつくるのは技術的には比較的簡単です。ただし、一つだけ簡単ではないものがあり、それが爆縮レンズでした。爆縮型核分裂兵器では、速燃性と遅燃性の爆薬を組み合わせて、圧力がプッシャーに到達する時には球対称になるようにしないといけないということをお話ししました。その爆縮レンズを設計したのが、ハンガリーからアメリカに亡命してきた数学者ノイマン＝ヤノシュ＝ラヨシュ（英語名ジョン＝フォン＝ノイマン）です。ノイマンはコンピューターの原理を考えたことでも知られる、歴史に残る大数学者です。彼も含めて、欧州に吹き荒れた排他主義がいかに優秀な人材を流出させ、国を滅ぼすことになるのかがよくわかります。

こうして核分裂兵器が完成し、一九四五年七月一六日にニューメキシコ州で「トリニティ実験」が行われ、人類初の核爆発を起こすことに成功しました。そしてそれに続いて、八月六日に広島、八月九日に長崎で、それぞれ核兵器が実戦使用されました。一九三八年一二月に核分裂が発見されてからたった七年で、これを兵器に応用し、実戦投入するところまで漕ぎ着けたのです。人類の歴史上、原理の発見からこれほど短期間に実用化されたものは異例中の異例だと言えるでしょう。

核融合兵器開発の歴史

次は核融合兵器の開発の歴史について話しましょう。

第2章でお話ししたように、核融合兵器であるテラー＝ウラム型熱核兵器を考え出したのは、テレル＝エデとスタニスワフ＝ウラムでした。「核融合兵器の父」であるテレル＝エデは、核兵器開発計画の始まりであるウラン諮問委員会から参加していました。しかし彼は当初から威力の大きな核融合兵器の開発を主張し、核分裂兵器の開発にはあまり寄与せず、ひたすら核融合兵器の研究をしていました。その開発は第二次世界大戦には間に合いませんでしたが、戦後になってついに開発に成功しました。ちなみに他の多くの物理学者と違い、テレル＝エデは核兵器を生み出したことを生涯にわたってまったく後悔しませんでした。

一九五二年一一月、太平洋のマーシャル諸島にあるエノウィトク環礁で、アメリカは核実験「アイヴィ作戦」を実施しました。二回行われた実験のうち、一一月一日（東部時間では一〇月三一日）に実施されたのが史上初の核融合兵器実験「マイク実験」でした。これは核融合反応を実証する実験で、セカンダリーの核融合物質として液体デューテリウムを使用しました。液体の状態を保つために極低温にして、断熱材などを大量に使っているので、爆弾は非常に大きくなり、重量は七四トンもありました。当然、こんなものは爆撃機やミサイルに積めないので、これを地上において爆発させるという、純粋に実験のための実験でした。核出力は一〇・四メガトンで、広島に投下された核兵器（核出力一五キロトン）の七〇〇倍ほどの威力であり、爆弾が設置された島は跡形もなく消滅しました。

次に行われた核融合兵器実験は、一九五四年三月一日にマーシャル諸島のビキニ環礁で実施された「ブラヴォー実験」（キャッスル作戦の中のひとつ）でした。この実験では、現在主流の全固体核融合物質である重水素化リチウム（第2章参照）が世界で初めて使われましたが、そのリチウムは部分的にリチウム六を濃縮したもので、成分としてはリチウム七のほうが多いものでした。当初は反応に寄与しないとして計算していたリチウム七が相当量反応したために、核出力が予想の二・五倍の一五メガトンという強力なものとなりました。そのため放射性物質による汚染がひどく、周囲の住民の被曝が甚大でした。序章でフォールアウトの話をしましたが、これがどれくらいの範囲に広がるかの計算には、ブラヴォー実験のデータを基にしたものが使われています。また、この近くを航行していた日本のマグロ漁船「第五福竜丸」など多くの船舶が被曝したことでも有名です。

ソヴィエト連邦における核開発の歴史

次はソヴィエト連邦での核兵器開発について話しましょう。

ロシアにも他の国と同様に、帝政ロシア時代に創設されて、ソ連時代を経て現在にまで続く「科学アカデミー」という最高学術機関があります。一九四〇年七月、その科学アカデミーから人民委員会議副議長に、核分裂を使った兵器が開発される可能性があることを伝える手紙が送られました。これはアメリカにおける「アインシュタイン＝シラルドの手紙」に相当するものです。同年九月には、イガリ＝ヴァシリエヴィチ＝クルチャトフら三人の物理学者が、実際に核分裂を兵器として利用できることを計算して明らかにした資料を科学アカデミーの幹部宛に送りました。これは「フリッシュ＝パイエルス・メモランダム」に相当するものだといえます。これらを受けて、九月に「ウラン委員会」が設立されました。これは「ウラン諮問委員会」に当たります。

このようにソヴィエト連邦でも核兵器開発に向けての動きが始まったところで、一九四一年六月にドイツによるソヴィエト連邦侵攻、バルバロッサ作戦が開始され、大祖国戦争が始まりました。ドイツ軍は首都モスクワの目前まで進撃したため、核兵器開発どころではなく、計画はいったん中断します。

一九四二年の末ごろになると、ソヴィエト連邦はドイツの侵攻を食い止めることに成功します。ここで内務人民委員のラヴレンティイ＝パヴロヴィチ＝ベリヤが、最高権力者（共産党中央委員会書記長）であるスターリン（イオシフ＝ヴィサリオノヴィチ＝ジュガシヴィリ）に、アメリカでの核兵器開発の状況を報告し、自国でも開発をすることを進言しました。内務人民委員部はいわゆる内務省であり、秘密警察やスパイも抱えた組織で、アメリカにいるスパイからの情報をスターリンに伝えたのです。これを受けて一九四二年一一月、スターリンは核兵器開発を決定し、学者側のリーダーにクルチャトフを、プロジェクト全体のリーダーにベリヤを任命しました。マンハッタン計画におけるオッペンハイマーとグロウヴズに相当する人物が決まり、ソ連の核兵器開発がいよいよ始まったのです。

一九四三年四月、モスクワにクルチャトフを長とする「第二研究室」、後に「クルチャトフ研究所」と呼ばれる研究所ができ、その中にソヴィエト連邦初の原子炉「Φ《エフ》－1」がつくられました。第二次世界大戦が終わると研究は一気に加速し、一九四六年一二月にΦ－1は臨界に達しました。その後、プルトニウム生産炉や核兵器組み立て工場などが各地につくられ、一九四九年八月二九日、ソヴィエト連邦初の核実験がカザフスタンのセミパラチンスク試験場で行われ、プルトニウムを使った爆縮型核分裂兵器「РДС《エルデーエス》－1」の爆発に成功しました。アメリカに遅れること四年余りですが、大祖国戦争の戦場となって国が疲弊し、また、アメリカと違って科学に無理解な国家指導者たちが科学者に裁量を与えずに活動を制限したことを考慮すると、むしろこの早さで追いついたのは驚くべきことであり、科学者たちの奮闘した結果だと言えます。一方で、マンハッタン計画の構成員の中にいたスパイからの情報も役に立ち、РДС－1はアメリカのMk－3のコピーと言えるものでした。

その後、核融合兵器のブースター実験は一九五三年に、実用的な熱核兵器実験は一九五五年に、それぞれ成功しました。ソ米による冷戦期の核軍拡競争が繰り広げられ、最盛期にはアメリカ合衆国が三万発、ソヴィエト連邦が四万発を超える核兵器を保有していました（図37）。現在は核軍縮が進み、両国の保有数は減っていますが、依然として露米両国が世界の大半の核兵器を保有しています。一方で、露米以外にも、英国、フランス、中国、イスラエル、インド、パキスタン、そして北朝鮮が核兵器を開発・所有する「核拡散」が進んでいます。

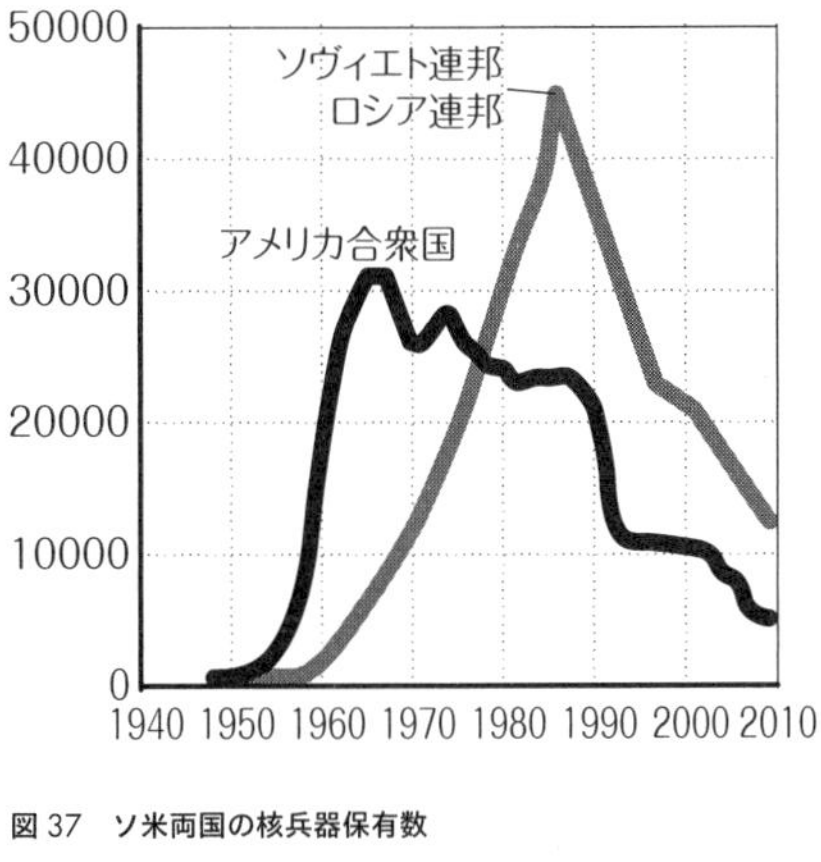

図37　ソ米両国の核兵器保有数

対戦車弾として各国が使う劣化ウラン弾

ここからは、核兵器に関連して話題になるいくつかの兵器について説明します。最初は「劣化ウラン弾」です。

この章でも核燃料であるウラン二三五を製造するためのウラン濃縮について説明しました。天然ウラン中に〇・七パーセントしか存在しないウラン二三五の割合をさまざまな方法で高めることがウラン濃縮です。ウラン二三五の割合が高まったものを「濃縮ウラン」といい、逆にこの工程によってウラン二三五の割合が低くなった部分を「劣化ウラン」といいます。

この劣化ウランを使った砲弾は一般に「劣化ウラン弾」と呼ばれますが、私はこの名称がいいとは思いません。なぜなら、砲弾として使う際にはウランの化学的な性質や物性を利用しているので、「劣化」かどうか、つまりウラン二三五の割合が高いか低いかは関係ないからです。劣化ウランではなく、濃縮ウランを使おうと、あるいは天然ウランを使おうと砲弾として利用する際には問題なく、同位体の比率は無関係です。ですから私は「ウラン合金弾」と呼んでいます。尚、ウランに限らず、一般的な金属は、その物性を使用目的に対して最適化するために、主材料とは別の金属を少量混ぜた合金として使われることが多いです。

現代の対戦車砲弾は、針のように（あるいはダーツのように）細長い形状になっています。その理由は、装甲に大きな圧力を加えることで弾性限界を超えさせて液状化させることで侵徹するために、砲弾の着弾時の圧力を高めるために断面積を小さくするほうが有利だからです。また、そのために超高速（マッハ五ていど）で飛行させるので、空気抵抗を減らすのにもこの形状が有利です。しかし、細長い砲弾だと重量を稼ぎにくいので、運動エネルギーを上げるため（それが着弾時の圧力を上げることでもあります）、比重の大きな材料を使うのです。

ウラン合金弾は命中時に細かい粉末になり、これを人間が吸いこむと内部被曝を起こします。そのために倫理的な問題があるとされ、日本やドイツではタングステン合金弾を使っています。日本やドイツは、基本的に国内で戦うことが前提なので、放射性物質をまき散らす兵器を使えないのです。一方、アメリカは基本的に国内で戦わず、国外で戦うことを前提とした軍隊なので、ウラン合金弾を普通に使うのです。他にもロシアや英国、中国など、多くの国でウラン合金弾は配備されています。

放射性物質をまき散らすダーティー・ボム

次に「ダーティー・ボム（汚い爆弾）」です。これは、放射性物質を集めて、それを普通の爆薬などでまき散らすようにしたものです。核兵器のように核反応を使って爆発を起こしていわけではありません。爆弾にしなくても、放射性物質を散布する装置があれば、同じ効果が得られます。有毒なものをまき散らすという点では、化学兵器に近いものだといえます。

核兵器製造のような高度な技術を必要としないので、ダーティー・ボムをつくることは原理的にそれほど難しくなりません。放射性物質を単に詰めるだけです。放射性物質自体は原子炉の使用済み核燃料から取り出せます。撒き散らすだけの雑な兵器なのでその後の精製なども不要です。しかし、ここに二つの問題があります。一つは、その放射性物質を、たとえば使用済み核燃料から取り出し、兵器に充塡する工程で、作業者が被曝するのを防ぐための設備がそれなりに必要だということです。通常の材料を扱うのであれば簡単な作業でも、被曝を考慮したとたんに大がかりな防護設備が必要となります。もう一つは、どうやって放射性物質を手に入れるかという問題です。使用済み核燃料は、不要物とは言え、各国の専門機関が厳重に管理しています。それを容易に使えるとしたら、国を挙げてダーティー・ボムを開発する場合だけです。しかし、ダーティー・ボムのような、大した殺傷能力もないのに世界中から非難されるような兵器を、国を挙げてつくるメリットはあまりないと言えます。

ただし、殺傷能力は小さくても、放射性物質がまかれた地域や国を混乱させることはできます。一九八七年に起こった「ゴイアニア被曝事故」では、ブラジル・ゴイアニア市の廃病院に放置されていた放射線治療器が盗まれ、それが解体されて中に入っていたセシウム一三七が取り出されて拡散しました。その量は、セシウム一三七だけだと一六グラムに過ぎません。しかし、青白く光る粉に興味を持った住民たちが触ったりしたことによって二〇〇人以上が汚染もしくは被曝し、六人が死亡しました。さらにゴイアニア市民二〇万人の被曝チェックを行うなど、一つの都市が大混乱に陥ったのです。

銃を乱射すれば六人よりずっと多くの人を殺すことができますが、一つの都市を長期間にわたって混乱させることは難しいでしょう。兵器は、人を殺すよりも負傷者を増やしたほうが有効だといわれます。人を殺すとそこで終わりですが、負傷者が出ると、それを治療・看護する必要が生じて、その分相手のリソースを奪うことができるからです。ダーティー・ボムの場合は、さらに除染作業に莫大なリソースを割かれます。福島第一原子力発電所事故の際の除染作業を考えると大変なことがわかります。ちなみに、東日本を大混乱に陥れた、あのときにばら撒かれた放射性物質は、セシウム一三七にして四・七キログラム（体積換算で二・四リッター）でした。そうした意味で、まさに「汚い」やり方ですが、敵を混乱・消耗させる上でダーティー・ボムは効果的です。

またウクライナ戦争では、二〇二二年一〇月、ロシアが「ウクライナがダーティー・ボムを使った場合に備え、放射性物質による汚染があっても活動できるようロシア軍が準備している」と発表しました。それに対して欧米側は、ロシア軍が自作自演でダーティー・ボムを使用し、ウクライナによる攻撃だと訴えるのではないかと警戒していると報じていました。

もしロシアがこのように放射性物質を使うとするなら、いったん占領した地域から撤退する際に使用する可能性があるかもしれません。ウクライナは自分たちが奪われた土地を奪還しているので、そこを放射性物質で汚染されたら除染しないわけにはいきません。そのためにリソースを割かれ、ダメージを受けることをロシアが狙うようなことは考えられます。

インフラを破壊する電磁パルス攻撃

ここで電磁パルス攻撃についても紹介します。これは人体に直接の被害をもたらすものではなく、核爆発で発生する瞬間的な電磁波によってインフラを攻撃するものです。

核爆発が起こると、さまざまな種類の放射線が発生することは何度も説明しました。第1章でお話ししたように、放射線のうちγ線やX線が大気中の原子と反応すると、原子を覆う電子をはじき飛ばします（コンプトン効果）。はじき飛ばされた電子が地球の地磁気によって進路を曲げられて、螺旋状の軌道を描きます。これも第1章でお話ししたように、このような荷電粒子の運動で電磁波が放出されます。これがパルス状の（瞬間的に発生する）電磁波である電磁パルス（EMP：ElectroMagnetic Pulse）です。核爆発以外にも、落雷や太陽フレアといった自然現象でも電磁パルスは発生します。

核爆発で発生する電磁パルスは非常に強力です。電磁パルスによって電気回路内で引き起こされる誘導起電力は、パルスの時間幅に反比例します。そのため、プライマリーの起爆からセカンダリーの起爆まで数十ナノ秒から百数十ナノ秒（ナノ秒は、一〇億分の一秒）というごく短時間で反応する核兵器の爆発では、きわめて時間幅の狭い電磁パルスが発生し、大きな誘導起電力が発生するのです。

電磁パルスは、電子回路に瞬間的に大きな誘導起電力（サージ電圧）を発生させます。電子機器は耐えられる電圧が決まっていて、みなさんが使っているコンピューターなら一二ボルトていどです。これを超えた一〇〇ボルトの電圧がかかったりすると、電子機器は壊れてしまいます。

　そこで、核兵器を大気圏外で爆発させて、強力な電磁パルスで敵国の広い範囲に被害を与えることを狙うのが、電磁パルス攻撃です。攻撃により、発電所や送電システムなどが破壊・損傷されたり、制御機器が壊れたりします。すると大規模な停電が発生して、さまざまなインフラが長期に渡って被害を受けることになるのです。

　もっとも敵のインフラを攻撃するなら、わざわざ電磁パルスを使わずに、核兵器で直接攻撃して破壊するほうが効果的です。実際に核兵器を使うことは倫理的に非難されるけれども、大気圏外で核爆発を起こすことなら許される、というわけではありません。ですから貴重な核兵器をわざわざ一発「無駄遣い」してまで、電磁パルス攻撃を行う意味はあまりないようにも思います。

　しかし、ここで核爆発を起こす高度が効いてきます。大気中で核爆発が起こると、空気に取り囲まれているため、さきほどの「電磁パルスが発生する過程」が爆発の場所だけで起こり、その効果は局所的です。ところが、大気圏外で核爆発が起こると、まずγ線やX線が周囲に何もない状態で長距離を飛行します。そして、大気圏に到達したときにさきほどの現象が起きて電磁パルスが発生します。爆発地点からあらゆる方向に均一に飛び散るので、大気圏からの距離が離れているほど、広範囲に広がり、電磁パルスが発生する場所も広範囲になっていきます。高度一〇〇キロメーターで核爆発させると、半径一一〇〇キロメーターの範囲に電磁パルスの被害を与えられるという試算もあります(https://www.rd.ntt/se/media/article/0036.html)。これは、核兵器一発で我が国の本州全域に被害を与えられることを意味します。このように、核兵器には、直接人的被害を与えるのではなく、広範囲にインフラを破壊するという使い方もあります。

原子力発電の原子炉と核兵器の違い、原発の軍事利用は可能なのか

本書は核兵器の本ですが、補足的に原子力発電について少しだけ取り上げます。原子力発電は、核分裂によって生じた原子核や中性子の運動エネルギーを、冷却材の運動エネルギーへと換え、それで最終的に水を沸騰させ、水蒸気を蒸気タービンに吹き付けて回し、タービンにつながった発電機を回すことで発電するというメカニズムです。蒸気タービンを使って発電するのは火力発電や地熱発電と同じで、火力発電で石炭や石油の燃焼熱を、地熱発電で地下のマグマの熱を使う代わりに原子力発電では、核分裂のエネルギーで水を沸騰させます。核融合炉の発電でも、湯を沸かすのは同じです。将来、人類がなにかとて

つもない原理のエネルギー源を発明しても、結局はそれを使って湯を沸かしているのではないかという気さえしますす笑笑

核分裂を使うという点では、原子力発電用の原子炉と核兵器は同じです。しかし、核兵器は一瞬で全反応が終わっておしまいなのに対して、原子力発電では核反応を臨界状態で安定させて、長期間にわたって継続させせなければなりません。また、商用発電を行う上ではコストも非常に大事になります。

原子力発電で使う核燃料には、ウラン二三五の割合が数パーセントていどの濃縮ウランが使われます（世界で主流の原子炉のタイプである「軽水炉」の場合）。核兵器にはウラン二三五がほぼ一〇〇パーセントの濃縮ウランを使いますが、それは非常にコストが高いので、原子炉が安定的に運転できる最低ラインの濃度までしか濃縮しない核燃料を使うのです。これは、コスト以外にも、取り扱いの問題や（準備段階で臨界に達しにくい）、兵器転用されないという理由もあります。一方で、近年の艦艇用原子炉では、艦艇本体の寿命の間に燃料交換をしなくて済むように、一〇〇パーセントに近い高濃縮の核燃料を使う場合が多いです。

また原子炉内には、核分裂の反応効率を高めるために、中性子の速度を落とす「減速材」

が入っています。中性子の速度が遅いほうが原子核と反応して核分裂を起こしやすいことは、第2章で説明した通りです。核兵器はコンパクトにつくらなければならないので、減速材を入れる余裕はないのですが、発電用の原子炉であれば減速材を入れて中性子の速度を落とし、効率よく核分裂を行わせることができます。軽水炉の場合は水が減速材で、核燃料は水の中に浸かっています。この水は冷却材でもあり、熱交換によって核分裂によって生じた熱を取り出す役割も担っています。

さらに発電用の原子炉では「制御棒」も使われます。これは中性子をよく吸収するホウ素やハフニウム、カドミウムなどでできています。制御棒を原子炉内に入れると、連鎖反応によって生じた中性子が吸収され、連鎖反応にブレーキをかけることができます。制御棒を巧みに使い、超臨界にも未臨界にもならないように臨界状態をコントロールすることで、原子炉を長期間にわたって安定的に運転することが可能になります。

ところで、原子炉を運転すると、ウラン二三八が中性子を吸収してプルトニウム二三九が発生します。現在の核分裂兵器はおもに核融合兵器のプライマリーとして使われますが、これはプルトニウム二三九を使った爆縮型が主流です。したがって原子力発電を行いながらプルトニウム二三九をつくり、これを核兵器に転用することが可能だと指摘されています。

ただし、第2章で「兵器級プルトニウム」の話をしましたが、これは自発的核分裂の頻度が非常に高いプルトニウム二四〇の割合を数パーセント以下に抑えたものです。一方で原子力発電の原子炉でつくられるのはプルトニウム二四〇の割合を抑える措置をしていないのでそれをかなり含んでいるため（通常の軽水炉の燃料交換時で二〇パーセントほど）、これを燃料にして核分裂兵器をつくっても過早爆発を起こしてしまい、充分な威力を発揮できません。プルトニウム二四〇の割合を低く抑えるには、核燃料を短期間で交換する必要があります。一般的な軽水炉は、燃料交換には運転を停止する必要があり、運転の停止／再稼働や、燃料の交換自体にも時間がかかるため、短期間での燃料交換には適していません。プルトニウム生産炉では、それに適した特殊な構造になっています。

また、軽水炉では減速材として水を使いますが、水は中性子をよく吸収します。プルトニウム二三九はウラン二三八が中性子を吸収することでつくられるので、大切な中性子が水に吸収される軽水炉はこの点でもプルトニウム二三九の製造に向いていないのです。

プルトニウム二三九の生産には、中性子を吸収しにくい黒鉛や重水（重水素を含む水）を減速材に使う「黒鉛炉」や「重水炉」がおもに使われます。核兵器開発疑惑のある国が黒鉛炉や重水炉を所有している場合、周辺国がこれを軽水炉に転換させようと躍起になるのはこのためです。詳しくは、拙著『核兵器』(明幸堂)をご一読ください。

An Introduction to

Nuclear Weapon

Chapter

4

核兵器と国際政治

多田将×小泉悠×村野将

多田　本日は核戦略の専門家である村野将先生、小泉悠先生のお二方をお迎えして、「核兵器と政治・軍事」というテーマでお話を伺いたいと思います。

まずは普段アメリカを拠点に活動されている村野先生、簡単な自己紹介をお願いできますでしょうか。

村野　私はワシントンのシンクタンク・ハドソン研究所で、日米の安全保障政策や防衛協力に関する政策研究を担当しています。アメリカにいれば日本の政策を、日本にいればアメリカの政策について聞かれて説明したりもしますが、自分としては地域専門家という意識はなく、本来は核戦略や抑止論のような「機能領域」が主な専門です。機能領域というのは、アメリカや中国やヨーロッパなどの地域ではなく、核やサイバー、宇宙、あるいは戦略そのものといった地域にとらわれない専門領域のことです。

日米関係や日米同盟を扱うコミュニティは、基本的にアメリカの日本専門家と日本のアメリカ専門家、外務・防衛担当当局の間でできてくることが多く、日本のメディアに頻繁に登場したり、日本の政治家が訪米した際に接触する米国人有識者の多くはここに属しています。しかし、ワシントンには地域専門家コミュニティとは別に「戦略コミュニティ」というものがあります。彼らは各省庁あるいは軍の地域専門部局ではなく、国防長官室（日本でいう防衛省内局に相当）の中で、長期の戦略立案や軍事情報・予算分析を行うポストなどを占めていて、アメリカの国防戦略の中心部分を作っています。

国防省の中でど真ん中の戦略を作る人は、伝統的に、核戦略や抑止論など機能領域のバックグラウンドを持っていることが多いという共通点があります。私はたまたまそういう人たちと同じような専門的なバックグラウンドを持っているため、地域専門家とは違った視点から意見を求められる。そんな関係で日米関係をやりつつ機能領域の専門家ともつきあいつつ、という感じでここ五年十年を過ごしています。

多田　村野先生のご専門は核そのものである、ということですね。

村野　核と言っても、私の専門は技術面というより戦略・政策の部分です。

とりわけ今回のテーマとも関わる核戦略、抑止論は基本的に冷戦時代、正確には第二次大戦後、核兵器の誕生とともに構築されてきた理論です。当時は核が使われたら人類の存亡に関わるかもしれないという恐怖があり、核兵器と抑止の問題は非常に大きなテーマでした。核戦略は単純な軍事戦略だけではなく科学技術が一体になっているものでしたし、人類が滅亡しかねない全面核戦争を避けるために、軍事戦略家だけではなく、政治学者や科学者、数学者や経済学者、あるいは倫理を研究している人や心理学者まで、当時「ベスト・アンド・ブライテスト（最良の、最も聡明な人々）」と呼ばれたような人たちが集まって作り上げてきた理論が核戦略や抑止論です。そうした背景から、核戦略は安全保障論の中でも非常に体系的で長い蓄積があり、アメリカの国防戦略を担う人たちは核戦略を基礎教養として身につけていることが多いのです。

これに対して日本では、核や安全保障問題を地域研究のサブ領域のような形で論じることが非常に多かったと思います。しかし、他の国での安全保障論や核戦略論、抑止論の発展の仕方はそうではないんですよね。小泉さんのように核戦略論と地域研究を両立させている人が日本にほとんどいないのが、小泉さんがいま活躍されている理由の一つだと思います。

多田　少なくとも日本語話者の中で、核戦略の専門家として村野先生は一番ですし、世界でも一番だと思います。それが今回、村野先生をお呼びした理由です。

さきほど村野先生が「核戦略の立案には軍事戦略家だけではなく科学者も含まれていた」とおっしゃっていましたが、これはとても重要な視点です。こういうことができるのがアメリカ最大の特徴であり、強みだと思っています。ちなみに世界でもっとも兵器について詳しいのはＦＡＳ（Federation of American Scientists）というアメリカの科学者連合です。この組織は、毎年どの国の核戦力がどの程度かといったことを調査して結果をまとめたり、あるいは核兵器以外にもそれぞれの兵器の技術的な解説を世界に公表したりしていますが、そういう発信を科学者がしているのが特徴です。日本で、例えば日本学術会議が同様のことをするなんて考えられないですよね。そういうところが本当にアメリカは進んでいると思います。

ロシアの「主権国家」概念と核保有

多田　村野先生にアメリカの話をしていただいたので、次は小泉先生にロシアについて質問です。私が個人的に気になっていることなのですが、ロシアはよく「主権国家」という言い回しをしますが、ロシアのいう主権国家とは、独立国家すべてを指すものではなく、そのうち自前で安全保障ができる国のことであり、そうでない国とは別格の強い国が主権国家であるという意味合いなんですね。

要するにロシアは他の国よりも上に立ちたいわけですが、その上に立つ根拠とでもいえるものは「我々は核戦力を保有している、だから自前で安全保障ができる」という考えだろうと私は思っています。「核戦力を持たない国が、自分たちだけで本当に安全保障ができるのか？」と。そういう意味では、ロシアにとって核戦力は国家戦略の中心になっているといってよいのでしょうか。

小泉　多田先生がおっしゃるように、プーチンは主権国家という言葉を特別な意味で使っています。例えば九月三〇日、ロシアはウクライナのドネツク・ルハンシク・ザポリージャ・ヘルソンの四州を併合すると一方的に宣言しましたが、その時の演説で「日本とドイツと韓国はアメリカに占領された国である」といったことをプーチンはいうわけですね。また、日本とドイツについては、これまでも個別に「あんな国は主権国家ではない」といった発言もしてきています。

そこで言わんとするのは、多田先生がおっしゃった通り、自分たちで安全保障ができない、どこかの国に同盟に入って守ってもらわないといけない、具体的にいうとアメリカに守ってもらわないとやっていけないということは、つまり君たちはアメリカに対して頭が上がらないんだろう、だからそんな国は本当の意味で主権を持っているとは言えないぞ、ということです。これは間違っているとも言い切れないんですが、しかしきわめて極端にカリカチュアライズされた関係です。

　プーチンは恐らく、主権の要件に核兵器を直接含めているわけではないのでしょう。しかし、この二十一世紀の世界で誰にも頼らずピンでやっていくということは、それなりの経済力と、それなりどころではない軍事力が必要です。つまり国家間紛争が行くところまで行ったときに、最後までエスカレーションに付き合えるだけの力、たとえば核兵器を持っているといった点をもって、この国は本当に主権を持っているのか、彼の言葉を使えば「ナチャーリストバ（上位の存在）」の顔色を窺わなければいけない国なのかどうかを、プーチンは明らかに分けているんですね。しかし、自分だけで安全保障をできる国などいくつもなく、結果的にそれは核保有国くらいに限られるという話です。

　ただし核保有国でも、北朝鮮がプーチンのいう本当の主権国家の中に入るのかはよくわからないですよね。いろんな意味であの国はきわめて脆弱なので。そこのところはグレーなのではないかと思います。

アメリカの核戦略の歴史

多田　なるほど、わかりました。村野先生にも、ロシアを含めた核保有国の、国ごとの核兵器の位置づけを伺いたいです。それぞれの核保有国は国家戦略の中で、核兵器というものをどのように捉え、位置づけているのか。たくさんある兵器のうちの一つなのか、それとも核兵器を中心に国家戦略を考えているのか、これは国によって見方が違うと私は思います。

例えば冷戦期のソヴィエト連邦とアメリカ合衆国は、それぞれ超大国として社会主義陣営と資本主義・自由主義陣営の盟主だったので、両者のバランスが崩れることを恐れ、相手が核武装したら自分も同等の核兵器を持たざるを得ないという核武装のあり方だったのではないでしょうか。一方で例えばインドとパキスタンはすごく特殊で、国境を接している隣国が一番の敵国で、それゆえの緊張があるはずです。あるいは周りが全部敵国で建国以来戦争が続いているようなイスラエルでは、核に対する態度がまた全然違うでしょうし、そういった各国の国家戦略の中の核兵器についてご説明いただきたいです。

村野　そうですね、アメリカの核戦略を理解するには、最初に核抑止の二つのキーワードである「懲罰的抑止」と「拒否的抑止」という概念からお話しするのがいいと思います。

そもそも抑止というのは、相手がある行動を取ったときのコストが大きくなることを相手に認識させて、全体の損得勘定によってその行動を思い留まらせることをいいます。この抑止には、相手に耐えがたい打撃を与えるという脅しに基づく懲罰的抑止と、相手の行動を無力化する能力に基づく拒否的抑止があります。懲罰的抑止の例は都市部に対する大規模核攻撃で、拒否的抑止の例はミサイル防衛や相手のミサイルなどの軍事目標に対する限定的な核攻撃です。アメリカの核戦略は、この懲罰的抑止と拒否的抑止のバランスをどう取っていくのかをめぐる論争の中で発展してきました。

一九四五年に広島と長崎の原爆投下があり、それから米ソ冷戦がすぐに始まるわけですが、当初一九四〇年代後半から五〇年代初頭では、核兵器というのはただ単に威力の大きな爆弾だと捉えられていました。ターニングポイントは一九四六年、アメリカ国際政治学者・軍事戦略家のバーナード・ブローディが『絶対的兵器（The Absolute Weapon: Atomic Power and World Order)』という本を書いたことです。ここでブローディは、核兵器は破壊力が大きすぎるので軍事的には使えない兵器＝「絶対的兵器」であり、核兵器の役割は戦争を抑止することに限られると論じた。ここで初めて抑止という概念が核兵器と結びついて「核抑止」という概念が誕生したのです。

第二次世界大戦が終わってすぐのアメリカは経済的にも疲弊していた上、一九五〇年からは朝鮮戦争が始まってしまい、アメリカは非常に経済的に限られた中で、ソ連と競争するための軍事力を再構築しなければいけない状況に置かれていました。一般的に、通常戦力をコツコツと構築するのは時間とお金がかかります。そうした中、単純に破壊力の大きな爆弾でソ連を抑止しようという発想から核兵器が注目されたのです。

当時ヨーロッパ正面ではソ連の通常戦力・機甲戦力の規模が圧倒的でした。これをどう抑止するか。通常戦力を構築する経済的な余裕はありません。そこで大きな爆弾をいくつか持っておいて、ソ連が攻めてきたらすぐにソ連の都市部に対して懲罰的な攻撃を仕掛けることで抑止を担保しようと考えた。これが一九五四年に提唱された「大量報復戦略」です。要するに、ソ連の大規模機甲部隊に対抗しうる拒否能力を短期間で用意することはできないので、その不足を核という懲罰能力で補おうという、コスパがいい戦略であると考えられていました。

ただし、懲罰的抑止、つまりもっぱら報復に依存する戦略には重大な欠点があります。

もし抑止が破れてソ連の機甲部隊がヨーロッパに侵攻してしまった場合にアメリカが取りうる選択肢が、直ちにソ連の都市部に報復するという非人道的な選択か、あるいは報復を諦めて欧州を見捨てるか、という二者択一の状況に陥りやすくなってしまうからです。一九五七年の「スプートニク・ショック」を経て一九六〇年代になると、ソ連のロケット技術やミサイル技術、核技術がどんどん伸びてきて、アメリカも報復される可能性が出てきたことで、このジレンマはより深刻になっていきます。

そこで一九五〇年代後半から六〇年代前半になると、懲罰的抑止だけに頼るのではなく、段階的なエスカレーションに対応していけるような柔軟な戦力が必要だという議論が出てきます。核兵器を使うにしてもいきなり敵国の都市部に対して攻撃するのではなく、まずは小型の核兵器で軍事目標を狙ってソ連の戦闘能力を削ぎ、被る損害を限定する。その結果として、全面核戦争に至る前に戦争終結の道を探れるよう、よりフレキシブルな抑止体制を構築していくべきだという考え方です。これが一九六二年に提唱された「柔軟反応戦略」です。

ところが、その後もソ連の核戦力の発展はどんどん進み、アメリカが受け入れようが受け入れまいが、米ソは次第にどちらかが最初に核兵器を使っても、相手の核戦力をすべて破壊することはできず、必ず報復を受けて共倒れになるような状態に陥っていきます。いわゆる「相互確証破壊」です。これを「相互確証破壊戦略」と言う人もいますが、相互確証破壊は戦略というより一つの状態だと見るべきでしょう。そうした状態ができあがったのが、一九七〇年代から八〇年代にかけてです。

八〇年代に入ると、相互確証破壊の状態を意図的に保つことによって恐怖の均衡の下で米ソ共存を図るべきか、それともこの状況から脱するべきか、という核戦略家たちの論争が再燃します。後者の立場の人たちは、ソ連から壊滅的な攻撃を受けるかもしれないという状況は倫理的に受け入れられないので、ソ連との核戦争が起きた場合に勝ち抜く能力を持ってこそ抑止が効くのだと主張しました。それが顕著な形であらわれたのがレーガン政権の戦略防衛構想（SDI構想）をめぐる論争です。しかし、その後ほどなくしてソ連が崩壊してしまったので、確証報復に基づく相互抑止と、損害限定を追求する柔軟反応のどちらが正しかったのかという論争の決着はついていません。ただ少なくとも保守派のコミュニティの中では、今でもレーガン政権の野心的な軍拡がソ連を崩壊に導いたという認識があります。一方で冷戦末期にはSALT（戦略兵器制限交渉）やSTART（戦略兵器削減条約）のような米ソ間の軍備管理条約が成立したのも事実なので、この辺の歴史的評価は分かれています。

ソ連が崩壊して二〇年ほど、米国は核を持った主要なライバルが存在しない一強時代を謳歌することになります。湾岸戦争やコソボ紛争などがあった九〇年代には、核戦争の脅威は忘れ去られました。二〇〇一年の米国同時多発テロ後は、核問題といっても、主たる争点はテロリストやならずもの国家への核拡散リスクでした。オバマ政権の核政策が、核テロの防止と不拡散を最優先事項としていたのがそれを象徴していました。

しかし、二〇一〇年以降の核をめぐる安全保障環境は、オバマ政権が期待するほど好転せず、むしろ急速に悪化していきます。二〇一四年にはロシアが核の脅しを背景にクリミアに侵攻し、北朝鮮の核開発には歯止めがかからず、中国は何の軍備管理条約にも縛られず核・ミサイルの増強を続けてきた。こうした状況になって、ようやく米国は核問題の最優先事項は、核武装した現状変更国をどう抑止するかだと再認識するようになります。これがトランプ政権の核政策です。

ロシアの核戦略、北朝鮮の核戦略

多田　今の村野先生のお話でも、懲罰的抑止と拒否的抑止の二つの戦略があるという議論がありましたが、現在のロシアやアメリカ、あるいは他の核保有国で、それぞれどのような使い方が考えられているのでしょうか。本当に戦略やシナリオを用意していて核兵器を使う気があるのか、あるいは実戦使用は真剣には考えていないのか、という点をご説明いただけますでしょうか。

小泉　核兵器の使い方に関して、想定しうるやり方を全部備えているのはロシアだと思います。というのは、彼らは世界で二番目に長く核兵器を持っている国であり、アメリカと並んで世界で最大規模の核兵器を持っています。ロシアは核兵器を運ぶ運搬手段も飛行機やミサイルなど、考えうるものは一通り持っています。やろうと思ったら何でもできるし、何でもできる以上はだいたい何でも考えてはある、そう思っておくべきだと思います。

そこで問題になってくるのは、いわゆる核戦略には「宣言政策」と「運用政策」があるということです。俺はこういう時に核を使うぞ、だからやめた方がいいぞと相手にメッセージを送るための核使用の政策が前者で、実際に戦争になったらこうやって核を使おう、と思っているやり方が後者です。後者の、本当に戦争になったときにどうするかというのは、もちろん公表もされないし、さらにいうと外部から見て分かりやすい形で記述されてもいません。恐らくターゲットのリストや、どの手段でどのターゲットを狙うのかという具体的な作戦計画として作られているものなので、例えばこういうときにこう核を使いますという分かりやすいお品書きのようなリストはきっと存在しません。分かりやすいお品書き方式のリストがあるのは宣言政策だけです。

ロシアの場合に関しては、従来は一つだけ知られていました。それは「軍事ドクトリン」という文書で、二つの基準が書かれているのです。ざっくりいうと一つはロシアに対して大量破壊兵器が使われた場合で、そのときは遠慮なくこっちも核を使いますよ、と。もう一つは通常兵器による攻撃だとしても、ロシアが国家存亡の危機に陥ったときにも核を使いますよ、と。この二点が二〇〇〇年の「軍事ドクトリン」で初めて明確に示されて、それ以来ちょっと表現は変わったりしているのですけど、後の二〇一〇年バージョン、二〇一四年バージョンまで踏襲されています。

さらに二〇二〇年の六月に「核抑止分野におけるロシア連邦国家政策の基礎」という文書が公表されています。これを見ると、「軍事ドクトリン」に書いてある二つの核使用のケースに加えてもう二つ、ロシアが核を使う可能性が付け加えられています。一つはロシアの戦略核戦力の機能を損なうような、攻撃を含めた幅広い干渉があって、そのせいで戦略核戦力がダメになりそうだったら使います、と。もう一つは核弾頭をつけた弾道ミサイルが明らかにロシアに向かっているときで、この四つくらいのときに核を使うとロシアははっきり言っています。同時にこの文書には「核抑止の一般的性質」という章が設けられています。その中で、ロシアがそうするとは一言も言っていないのだけど、一般的に核兵器というものはこういう使い方をしますよね、という核の使い方一覧リストみたいなものが掲げられています。そこには、例えば国家存亡の危機になっていなくても核を先制的に脅しのために使う、とかいった使い方も入っています。

ですから、ロシアは宣言政策としては四つくらいを明示して、ロシアがある程度追い込まれたときだけ核を使うと言っていますが、実際にはいろんな使い方を承知しているわけです。それらが本当に参謀本部がつくった核のターゲットと攻撃手段のリストの中に含まれていないかというと、実はあるんじゃないかと思います。そういう使い方を想定していないことはないと私は思うんだけど、少なくともロシアはそういうふうに言っています。そして多分これは、アメリカや中国も同じなんだと思います。どこの国も、外向けにいうことと実際に軍の核運用部隊の人たちが作っている作戦計画とは大分違うのではないかと感じます。

その点でいうと、北朝鮮なんかは正直なのではないかと私は捉えています。彼らはできることの幅がそんなに大きくないので、かなり宣言政策と実際にやることの一致が大きいのではないでしょうか。つまり北朝鮮の場合は最小限抑止なんですね。さっき村野さんが「耐えがたい損害」とおっしゃっていましたが、そういう大規模な核攻撃を受けたら国家がもう持たないというレベルの損害、国民の三割が殺害されるとか、工業力の五割が破壊されるみたいな、そういう損害を受けた場合でも、相手にそういう損害を与える能力は北朝鮮には明らかにありません。でもアメリカに対して受け入れがたい損害、つまり別に国家は崩壊しないんだけれども、まっとうな人間として、あるいは政権が政権維持を考える上で許容できないような損害、例えばニューヨークに核弾頭が落ちて一〇〇万人死ぬとか、そういうレベルの損害を与える能力を持っていれば事実上抑止として機能するだろうという考え方があって、北朝鮮はそこを目指して非常に合理的に核戦力を作っていっているな、という印象を私は持っています。

アメリカの核戦略の現在

多田　村野先生にはアメリカの、核戦力の「唯一目的化」の議論についてもお聞きしたいと思っています。政権が代わるたびに必ず議論になって、でもやはり国家戦略には盛り込まないという流れが続いていますが、そもそも唯一目的化とは何かから読者の方々に説明していただけるとありがたいです。

村野　唯一目的化というのは、「核兵器の役割を相手の核攻撃の抑止に限定する」ということです。似たような概念で「先行不使用」というものもあり、こちらは核兵器の役割を「相手からの核攻撃を受けた後での報復的な使用に限る」ということで、さきほど申し上げた懲罰的抑止を重視する戦略と親和性がある考え方です。

アメリカの歴代政権で先行不使用や唯一目的化が採用されてこなかったのには理由があります。アメリカが核兵器を使用するのは、アメリカや同盟国の国益が脅かされる極限の状況とされているわけですが、この国家の死活的な利益が脅かされる極限の状況というのは核兵器以外によってももたらされるからです。通常戦力による攻撃や化学兵器、生物兵器、あるいは大規模サイバー攻撃によって大規模な死者や耐えがたい損害が生じうる可能性がある中で、先行不使用や唯一目的化を宣言政策として取り入れると、「核以外の攻撃なら、アメリカは核反撃してこない」と敵が誤った自信を持ってしまいかねないというのが、歴代政権がこれらの政策を取ってこなかった理由の一つです。そして、敵が計算を誤る余地を生むということは、それだけ同盟国を不安にさせます。アメリカの同盟国の中にも、直面している脅威の深刻度合いに応じて、「核の役割を縮小しても構わない」「唯一目的化や先行不使用を採用してもよい」という声を上げる国がないわけではありません。しかし、アメリカの歴代政権は、「相対的に安全な同盟国の声よりも、不安を抱えた同盟国の声に耳を傾けるべきだ」と考えてきたのです。

そうしたことから、アメリカの核兵器については、――ごく限られた可能性ではあるけれども――常にアメリカが先に核兵器を使用する可能性を残しています。もっとも、私が監訳した『正しい核戦略とは何か』(勁草書房)の著者であるブラッド・ロバーツが説明しているように、これはアメリカが先制的な核攻撃オプションを積極的に採用しているということではありません。それこそ、いきなりアメリカが開戦と同時に大量のICBM（大陸間弾道弾）でロシアや北朝鮮を奇襲攻撃するというような核政策を採用しているわけではないんです。それでも、すでに戦争が始まっていて、そのエスカレーションの過程の中で生じる極限の状況によっては、アメリカが先に核を使う可能性を残している、ということに過ぎません。

ただし、今のバイデン政権の政策は、オフィシャルに先行不使用や唯一目的化を採用していない点はこれまでの政権と変わらないものの、核政策を担当する政権幹部の顔ぶれや、彼らのこれまでの発言・選好を見る限り、核使用のハードルは上がっているように思います。少なくとも、同盟国の核専門家からもそう見えているということは、プーチンや習近平や金正恩からもそう見えているはずです。

では、アメリカが核を使うかもしれない極限状況とはどういった状況なのか。アメリカが北朝鮮やロシアのようにデモンストレーション的に核の先行使用をすることは考えられません。核兵器を使わざるをえないとしても、その際には何らかの具体的な軍事的・政治的メリットがなければならない、というのが専門家のコンセンサスです。例えば、相手が先に核兵器を使った場合に、さらなるエスカレーションを防止するための意思表示をしなければならないとなれば、一度破綻してしまった核抑止の信頼性を修復するためにあえて核で反撃するかもしれない。あるいは、本気で核戦争になりうる状況になった場合には、通常戦力のみならず、持てる全ての力を使って損害を限定するということも選択肢に含まれうるでしょう。

当然そこで行われる核使用というのは、いきなり相手の都市部に対して撃ち込むわけではありません。基本的にアメリカの核兵器の目標というのは、運用政策上は一九六〇年代から一貫して軍事目標を優先攻撃目標にしています。敵の地上部隊に攻撃できるだけの十分な精度はありますし、ロシアや中国が持っているICBMのサイロそのものを攻撃することもできます。攻撃を最小限の被害に抑えるために、最近は弾道ミサイルに搭載できる低出力核弾頭を作っています。他方で極限状況ではロシアのICBMサイロを一度に撃破できるような多数の高精度の高出力核弾頭を持っている。

また忘れられがちですが、現在でも核を搭載したアメリカの弾道ミサイルは、あらゆる軍事アセットの中でも、意思決定から目標を撃破するまでにかかる時間が最も短い即時攻撃手段です。低出力核を搭載したトライデントSLBMは、意思決定から三〇分以内に世界中のあらゆる目標を撃破できます。発見した目標を弾道ミサイルより早く攻撃しようとしたら、攻撃機や爆撃機を空中哨戒させておくぐらいしかありませんが、それには航空優勢を常続的に確保する必要があったり、燃料切れにならないよう空中給油体制や交代する爆撃機のローテーションを組む必要があったりと、さまざまな前提条件が必要になります。地上で誘導弾を搭載して、急いで発進するといったところからやっていたら、どんなに目標近くの基地から出撃しても、北朝鮮や中国までトータル一時間以上はかかります。旅客機ぐらいのスピードしか出ない亜音速の巡航ミサイルも同様です。

ハルキウの大敗でも核を使えなかったロシア

小泉　今の村野さんのお話を聞いていてもそうでしたが、核兵器は、通常戦力ではどうにもならないような場合に使うわけですよ。通常戦力でどうにかなるんだったら、こんな危ないものをみんな使う必要はないわけですね。で、アメリカは世界最強の通常戦力を持っているから、そもそも先に核を使うインセンティブはあまり高くないというか、核の使用を回避しながら戦うことができるわけです。しかし、ロシアの場合はそうではないんですね。

最近心配されているロシアの先行核使用、先行というか戦争が始まらないうちにいきなり核を使ってしまうという話は、戦っている最中に戦局が不利なので核を使って相手を脅しつけて停戦を強要するというオプションで、一九九七年くらいに出てきたものでした。ソ連が崩壊して六年くらい経ち、ロシア軍が本当にボロボロになっているときに軍改革を進めないといけない、今より兵力を減らして経済の立て直しのために軍事費を浮かそうというときに、では大戦争になったらどうするんだという問題に対して当時のロシア軍の中から出てきたのが、負けそうになったら早い段階で核を使うと。核を戦場で使うというのはみんな冷戦期には考えていたんですが、そうではなく戦略核をごく限定的に、相手に対して非常に見えやすい場所で使うことによって戦争の継続を諦めさせる、こういうことをやるので兵力を削減しても大丈夫なんだっていう話で、ロシアの積極的核使用は実は通常戦力の削減とセットになっているんですよね。だから、ロシアの核戦略は必ずしも頭のおかしい奴が考えてきた話ではなくて、通常戦力を核で補います、しかもそれは闇雲に核を使って戦うのではなく、核を使うことによって戦争をやめさせられるんです、という話なんですよ。じゃあ本当にそんなことができるのかというのは全く別問題なんですが、やはり弱者であればあるほど核兵器という究極的な破壊力に頼りたくなるところがあるんじゃないですかね。

ですから今の世界で、どんな場面で核が使われる可能性があるかということを考えると、大きな力の差があるものの戦いにまず考えられるのではないかと私は思います。また、そもそも核兵器を持っていなければ使いようがないので、核兵器を拡散させないという核不拡散の重要性がここにあると思うのです。

村野 今の小泉さんのお話はすごく重要だと思います。核兵器を先に使用したいという誘惑にかられる、あるいはせざるを得ないインセンティブがあるのは、通常戦力で劣勢にある側なんですよね。まさに今のロシアがそうですし、北朝鮮も同様です。通常戦力の劣勢を核戦力で補おうとしているというのはこの二つの国に共通することで、私は北朝鮮の核戦略はロシアの核戦略を相当参考にしていると思っています。

小泉 でも、二〇二二年九月にロシア軍がハルキウでボロ負けしたときにロシアが核を使わなかったのを見て、やはり簡単に核は使えないな、という感じもしました。通常戦力で敗北して、敵がドカドカ攻めてくるときこそが戦術核の使い道なはずなのに、戦場で使って敵の野戦軍を阻止するのも、脅しのための核使用も、プーチンは結局できなかったのです。手段はあるし研究もしていたし、訓練では何回もやっているといわれているのにできなかった。ハルキウの敗北は第二次世界大戦後にロシアが喫した最大の軍事的敗北であるにもかかわらず、です。やはり核を使った場合、どこまで事態が転がっていくかというエスカレーションの予測可能性があまりにも低いので、よほどのことがなければ使えないんだと思いました。

ではよほどのこととは何かという話ですが、これまでロシアが想定してきた危機と今ウクライナで起きていることの間には微妙なズレがあるんです。ロシアの将軍たちにとって、ウクライナやジョージアといった旧ソ連の国はロシアの通常戦力で簡単にやっつけられる相手だったんです。しかしそこにアメリカが入ってきたら勝てないので、その際に核を限定使用するという考えだったんですよ。この時点でアメリカとの戦争が始まっている、あるいは差し迫っている、もしくは第三次世界大戦が通常兵器によって始まってしまったというような危機のステージがきわめて高い段階なので、核の使用を本気で考えてもおかしくないというロジックでした。

ところが今回ロシアは、アメリカが直接関与してくる前の、ウクライナの通常戦力にさえ勝てなかったということです。なので核を使うかどうかといったら「いや、さすがにまだ第三次世界大戦になっていないのに」という話になってしまうから余計に使いにくいんだろうと感じます。ロシアの自己イメージと実際の実力にギャップがあるんでしょう。

日本が「核を撃つか負けるか」を決断する日

村野　他方で、中国の核戦略は、ロシアや北朝鮮とは結構違うのではないかと思っています。欧州や朝鮮半島では、通常戦力で劣勢にあるロシアや北朝鮮が、自分に有利な停戦のために、いわゆる「エスカレート・トゥ・ディエスカレート」のような形で、核を比較的早い段階で使おうとする誘惑があるかもしれません。しかし、インド太平洋地域において通常戦力で優位に立ちつつあるのは中国側であって、核と通常戦力をめぐるバランスが欧州や朝鮮半島とは異なります。

ロシアのウクライナ侵攻後、日本においても「台湾有事のときに中国が核恫喝をしてきたらどうするんだ」という問題が懸念されるようになっていますし、最近ではバイデン政権のNPR（核態勢見直し）でもそういったリスクが示唆されています。もちろんそうしたリスクには注意を払うべきです。しかし、最近私がそれ以上に心配しているのは、先に核を使うべきかどうかという状況に直面するのは、中国ではなく我々、アメリカや日本の側なのではないかということです。

中国との間で、互いの航空基地や防空システムを通常戦力で叩きあうような状況になった場合、恐らく先に弾がなくなるのはこちら側です。中国の航空基地を一定期間使用不能にすることができれば、中国の爆撃機や戦闘機が出撃するペースを落として、日米側が航空優勢・海上優勢を取るチャンスが生まれるかもしれない。でも、そのためにはもう十分な長距離精密誘導兵器の在庫は残っていない。唯一残っているのは核ミサイルだが、核を使ったら中国も核を使ってくるかもしれない……こういった撃つか負けるかという状況に追い込まれるのは、もしかすると我々の側ではないかということです。

そうなったとき、日本はアメリカに核を使ってくれと言うべきかどうか、あるいはアメリカが核を使ってもいいかと言ったときに日本はイエスと言えるか、言うべきかどうか。これは今まで問われたことのない極めてシビアな問題です。

多田　非常に興味深いお話です。冷戦期に、ヨーロッパ正面で通常戦力において優勢だったソ連軍に対して西側陣営が核兵器で対抗したのと同じ現象が、今度はアジア太平洋の方で中国相手に起きようとしているということですね。

日本が核戦争を防ぐためにできること

多田　本書の読者は、ウクライナやヨーロッパの問題にも関心を寄せているでしょうが、それ以上に日本を含むアジア太平洋地域の安全保障問題のほうに興味を持っている方が多いのではないかと思います。では、核保有国でない日本が、他国の核兵器の使用を防ぐためにはどのような努力ができるのか、お二方はどうお考えでしょうか。

アジア太平洋で中国と対決する場合に、日本の同盟国で核兵器を持っているのは今のところアメリカだけで、日本は核を持っていません。そこで日本にアメリカの核を持ち込む「核シェアリング」という考え方が今議論になっています。一つ言っておくと、核シェアリングというと、日本にも核兵器の使用権があるような受け取り方をしている方もいますが、そうではありません。アメリカがヨーロッパに核シェアリングで核兵器を置いても、やはり最終的な使用権はあくまでもアメリカ側にあります。そういうことを頭に入れて、日本に使用権がない前提で、核シェアリングをしたとして日本の抑止力として機能するか、あるいは機能させるにはどうしたらいいかをお聞かせ願えればと思います。

さきほど村野先生にお話しいただいたように、同盟国に耐えがたい損害を与えた場合には核兵器を使いますよという話なのですが、これがまた微妙な表現で、例えば日本がどれぐらいやられたらアメリカが核を使ってくれるのかが日本人としては非常に不安なわけです。本当に日本が攻撃されたとき、正確には最初のケースは恐らく日本ではなく台湾だと思いますが、そういうときにアメリカが核兵器を使ってくれるのか、そういうことも考えた上で、核シェアリングをやるとしたら我々同盟国にどれくらい意味のあるものにできるのでしょうか。

村野　核シェアリングには、ハードウェアとソフトウェアの二つの側面があります。ハードウェアとは核兵器そのものの共有あるいは配備を行うことです。一方で、この配備した核をいつどのように使うのかという協議メカニズムに関わる部分がソフトウェアで、このソフトウェアの部分も単なる政治的な協議のレベルから具体的な作戦計画、さらには最終的にどの目標に対していつ使うのかというターゲティングと使用権限に関する部分などさまざまです。NATOの核共有メカニズムにはこの両方の側面があります。

NATOでは、米国が管理するB61重力落下型核爆弾が五カ国（ドイツ・ベルギー・オランダ・イタリア・トルコ）の米軍基地に前方配備されているとされ、アメリカの大統領が許可したときにNATOの一部の同盟国の核・非核両用の航空機DCA（Dual Capable Aircraft）にそれを積んで使用するという運用が冷戦期から議論されてきました。しかし米英NATOの核計画に関わっていた人によると、現在の安全保障環境では、DCAと戦術核爆弾を使う実際の核作戦計画はないと言われています。

二〇二二年の一〇月、NATOはステッドファスト・ヌーンという核運用訓練、演習をやっていました。これは核共有に関わっている国と関わっていない国が一緒に、戦術・非核両用の航空機が核作戦を行う場合にどういった支援作戦をやるのかという訓練で、SNOWCAT（Support of Nuclear Operations with Conventional Air Tactics）と呼ばれています。

長らくNATOの核共有に参加していないポーランドなどの国には、「NATOとして核を使う局面になれば自分たちも影響を受けるのに、核共有参加国の間でどのような核作戦に関する議論が行われているのかを知らされていない」という不満と不安がありました。これを解消するために、二〇一〇年ごろから核共有に参加していない国にも、核作戦に関連する非核の支援任務に関与させるための共同訓練の機会を設けるようになりました。ポーランド軍の戦闘機が、核共有参加国のDCAの安全を確保するといった訓練です。作戦に関与するということは、その作戦計画がどのように立案・実行されるのかといった具体的な情報＝ソフトウェアを共有することになります。つまり、現実にモノがあることによってこういった核共有の運用の訓練やプランニングにも徐々に絡むようになってくる、要するにハードウェアを通じて、ソフトウェアの部分をアップグレードしていけるというメリットがあるわけです。

ただださきほどもお話ししたように、航空機搭載型の核爆弾を使うことは現在ほとんど想定されていません。使うとすれば、低出力SLBM（潜水艦発射弾道ミサイル）です。また、アメリカはDCAをインド太平洋地域にも配備する可能性を否定していませんが、個人的にはそのメリットはほとんどないと考えています。DCAは出撃するのにも時間がかかります。それに、一度出撃したら探知し難いF－35のようなステルス機は地上で撃破するのが一番確実ですから、先制攻撃を呼び込む恐れもある。そもそも、日本国内に核爆弾の貯蔵施設を作るのは政治的に難しいでしょう。だとすると、インド太平洋地域では非脆弱な核戦力を重視する戦略の方が理にかなっています。具体的には、低出力核を搭載したミサイル原潜（原子力潜水艦）のグアムへの寄港頻度を増やすとか、戦略爆撃機を空中哨戒状態に置くとかです。リスクの高い日本の基地に寄稿させたり、着陸させたりする必要はありません。むしろ、安全な海空域、しかし発射すれば相手にすぐ届く絶妙な位置にいてくれればいいわけです。バイデン政権のNPRでもこの爆撃機や潜水艦の展開をどうするかや、どこまでプランニングのメカニズムを同盟国と共有するかをアップグレードしていくかが書かれています。そこを強化していくことがより信頼性の高い抑止力になり、同時に我々がより高い安心を得られるのではないでしょうか。

実際にどの目標にいつのタイミングで核攻撃をするのかというターゲティングプランニングは、戦略軍のごく一部の人たちにしか共有されておらず、そこに同盟国が絡むのは非常に難しい。これはNATOでもやっていないと聞きます。そこに足がかりをつくるとすれば、通常戦力でのターゲティングプランニングを組み立てていくのが一つの入口ではないかと思います。

中国・北朝鮮のミサイルはほとんど核・非核両用のシステムなので、これを直接攻撃することはできないにしても、その関連システムを攻撃しようとすれば、相手からすると、核関連システムへの攻撃と捉えられる可能性があります。つまり、核エスカレーションのリスクを常に意識しなければならない。しかし、リスクがあってもそれを検討しなければいけないというのが今の日米の厳しい安全保障環境です。だとすると、通常戦力で北朝鮮や中国のミサイル関連システムを叩くにしても、それによってどのような核エスカレーションが起きるのかを日米で検討し、準備しておく必要があります。

そうなる以上、日本がこれから持っていくであろう長距離打撃能力と、アメリカの核・非核の打撃能力をしっかり組み合わせた上で連携していくことで、「日本にも核エスカレーションに対応する計画・手順を共有しておかないと困る」とアメリカに思わせることによって、日米のプランニングプロセスをよりハイレベルなものにしていく。こうしたステップの方が、安易にＮＡＴＯ型の核シェアリングを真似するよりもよいのではないかと考えています。

小泉　そもそも核シェアリングと日本で言っている人自体、絶対核シェアリングが何だかよく分かっていないんじゃないかと感じます。アメリカが核弾頭を貸してくれるというくらいのざっくりしたイメージしかないように思います。

しかし既にアメリカの拡大抑止が効いている状況で、地続きでソ連の機甲部隊がなだれ込んでくる恐れがあるわけでもないのに、核シェアリングする理由って、私はあまり思いつきません。そもそもアメリカの拡大抑止が効かないような状況下で、アメリカが核弾頭を貸してくれて、発射許可も出してくれるという状況も、私は想像がつかないです。いずれにしても、どういう状況で核シェアリングするのかという話が日本の核シェアリング論者からどうも聞こえてこないんですね。

村野　核シェアリングを言っている人って、多分本音では独自核武装をしたいんだと思うんですよ。要するに「アメリカは信用できない」という思いが後ろにある。でも、核シェアリングは核武装へのステップではないんです。アメリカがヨーロッパの一部国に核共有を許しているのは核不拡散のためであるし、アメリカ大統領が了承しない限り核を使うことはできないわけだから、むしろアメリカの統制を受けるシステムなんです。アメリカが信用できないから、「核シェアリングしたい」というのは筋違いなんです。それなら、いっそ「核武装をしたい」と言ったほうが一貫性があると私は思いますけどね。

小泉　もっとナショナリスティックな話をすると、アメリカが信用できないから抑止の手段として核を持ちたいとすら考えていなくて、なんとなくナショナルプライドの象徴として核を保有したい、くらいのつもりの人も絶対にいると思います。でもそれはあまりにも父殺しができていないというか、核がほしいからアメリカに核弾頭を貸してもらおうというのはあまりに甘ったれた話です。そういう動機なら、ちゃんと核武装がしたいって言えと私は言いたい（笑）。私は核武装には反対ですが。

村野　その通り。私も現時点では反対だけど、そういう考えなら「核武装する」と言った方が潔い（笑）。

多田　いや、おっしゃるとおりです（笑）。

今のお話に関連して、一つだけ一般的な質問としてお訊きしておきたいことがあります。二〇一九年にＩＮＦ全廃条約（中距離核戦力全廃条約）が失効しましたよね。そのとき、もしかしたらアメリカもそれくらいの中距離核戦力・打撃力を持って、アジア太平洋に配備するかもしれないということが議論されてきました。それにアメリカはどれくらい積極的だったのでしょうか。

村野　アメリカではＩＮＦ条約の脱退をめぐる議論の文脈の中で、地上配備型の中距離ミサイルに核弾頭を搭載すべきだという議論がされたことは殆どありません。少なくとも、戦略コミュニティ内では一度もない。というのも、ＩＮＦ条約の脱退に先行して策定された二〇一八年版のＮＰＲにおいて、低出力ＳＬＢＭと海洋発射型核巡航ミサイル（Ｓ

LCM－N）の導入が決定されたことからもわかるように、戦略コミュニティ内では「ホスト国の支援に頼らなくて済む非脆弱な戦域核を重視する」というコンセンサスがあるからです。つまり、冷戦期のように地上の中距離射程のミサイルに核弾頭を搭載する必然性はないわけです。今アメリカが作っている中距離ミサイルも、全て通常弾頭仕様だということを国防長官を含む複数の高官が何度も表明しているので、核弾頭の搭載予定はありません。

もっと細かいことをいうと、アメリカはどの弾頭にどの運搬手段を組み合わせるかということがきちんと公表されています。技術的に、昔はトマホークにも核弾頭を積んでいたのだから、新しく開発したミサイルを核・非核両用にできるはずだという話が結構出てきます。まあそれは技術的に間違っているわけではありませんが、それは海自のイージス艦にも核付きトマホークを積めるし、空自のF2やF15にも核爆弾を積めるはずだというのと同レベルのかなり雑な話です。それに、もしそれが可能であるとすると、米軍が議会に黙って秘密の核弾頭を開発しているということになりますから、そういうレベルの議論は実態とは異なるということは留意しておいた方がいいと思います。

日本に核が使われるシナリオとは

多田　アジア太平洋でいうと、今後日本が核の脅威にさらされるリスクがあるとしたらどのような可能性が想定されますか。またそれを防ぐためにできることがありましたらお聞かせください。

日本に対して核を使う可能性のある国は三つあるわけで、まず中国と北朝鮮、それから、目はヨーロッパの方を向いているかもしれないけれどもロシアという可能性もありえます。少なくとも能力的にはあるわけで、それぞれどう考えられているか、また可能性があるとしたらどんなシナリオがあるか。小泉先生いかがですか。

小泉　ロシアの話からすると、日本とロシアが極東で直接戦争になる可能性はきわめて低いものの、ヨーロッパでの戦争がグローバル戦争に拡大した場合、ロシアが日本に核攻撃を加える可能性はあると思います。極東においてロシアが守らなければいけないものは軍事的にいうとカムチャッカの原潜基地とウクラインカの空軍基地で、これが第三次世界大戦になるときに潰されたら困るわけです。ですからそれに先んじて三沢基地をふっとばしたいとか、そういうのは当然考えるだろうとは思います。逆に言うと、今ウクライナで十か月も戦争をして、さすがに第三次世界大戦にはならないというのがなんとなく見えてきたので、私はロシアの核が日本を狙うというオプションはそんなにないのかなと思います。

それから最近ロシアが主張するのが、北海道に射程三〇〇〇キロのミサイルを配備するとロシア極東部が射程に入ってカムチャッカもウクラインカも狙えるので、それがロシアの核攻撃目標になっても文句は言えないよね、ということです。しかし現実には恐らく日本の地上発射ミサイルは移動式発射機のものなので、核攻撃で叩くことは無理だろうなという気がしますね。

結局、日本に核を使いそうな国って中国と北朝鮮しかないわけですが、前半の私と村野さんの議論の通り、そのメカニズムは多分大きく違います。北朝鮮は通常戦力がきわめて弱体だから核を使おうとするんですよね。他方で中国はもしかすると、自分から先に核を使わなくてもいいと思っているのかもしれません。

ただ一つ考えられるのは、北朝鮮の場合、戦争が始まってしまったときに朝鮮半島の米軍を支援する拠点としての日本を無力化するために港湾を叩くとか横田基地を叩くとか、そういう使い方になるのかと思います。もう一つ、さっき村野さんが「北朝鮮はロシアのやり方を見ているんじゃないか」と言っていましたが、もし北朝鮮がロシア的な核戦略思想をしっかり勉強したならば、日本の対米戦争協力をやめさせるために核で脅しをかけるというやり方も考えてくるんじゃないかと思います。

いずれにしても北朝鮮の場合は遠く海を隔てたところから撃ってくるわけなので、こちらから叩きに行くにしても、動き回る北のミサイル発射設備を叩きに行くのはなかなか難しいですから、まずはミサイル防衛をしっかりやっておくこと、そして日本に対して横田やその他の自衛隊基地あるいは民間港湾を攻撃したら確実にアメリカの核報復が行きますからね、という拡大抑止を確保しておくことが必要でしょう。村野さんのご指摘のように具体的なターゲティング云々に日本が口を出すことは多分無理なんですが、アメリカの核戦略そのものや、どのように宣言をするのかといった部分はきっと日本が口を出せるので、その辺はもっとやれることがあるはずです。

村野 私の認識も小泉さんと基本的に一緒ですね。北朝鮮と中国が置かれている安全保障環境を考えた時に、北朝鮮の場合は朝鮮戦争、中国の場合は一九九〇年代の台湾海峡危機におけるアメリカの介入が彼らの苦い経験として残っています。

北朝鮮の場合、もし朝鮮戦争でアメリカを中心とする国連軍が日本を踏み台として仁川上陸作戦をやってこなければ、あのまま釜山に韓国軍を追い詰めて朝鮮戦争に勝てていたかもしれない未来があるわけです。でも当時、北朝鮮は日本を直接攻撃する手段がなかったので、日本から出撃してくる米軍を阻止する能力がありませんでした。同様に中国の場合は、台湾が独立するかもしれないとして、一九九六年に台湾最初の直接選挙の総統選をやったときに弾道ミサイルなどを撃って脅したわけですけれども、そのときにアメリカの空母が二隻来てしまって介入できなかった。それをトラウマに思って、今まで頑張って軍事力を発展させてきたわけです。

両国の大きな違いは、北朝鮮は経済的な理由もあって核兵器に強く依存する抑止戦略を作ってきたのに対し、中国は通常戦力を大きく発展させる方向で戦略を発展させ、同時にここ数年で核戦力の増強も進めているという点です。ここには大きな核に対する依存度の違いがあるのですが、けれども中国も核の能力を開発してきていることは間違いありません。

さきほど、中国との対決になった場合に核を先に使わなければいけないのは日米側かもしれないと言いましたが、これはあくまでも相対的なもので、中国が核を使うインセンティブが全くないというわけではありません。通常戦力のつばぜりあいで、アメリカの空母や日米のイージス艦を飽和させるのに十分な精密誘導兵器が枯渇してきたり、あるいは通常戦力だけでは日本の航空基地を叩ききれないという場合に、中国にも核を使うインセンティブは生じてくるかもしれません。あるいは今ウクライナでは西側からの補給がポーランドを通ってウクライナ西部から東部に地続きできていますけれども、インド太平洋地域で、ある程度長期の戦争になった場合には、補給は基本的に海からくるわけです。かつての湾岸戦争やイラク戦争、アフガン戦争のときのように、民間や軍用の船舶が列をなして太平洋を渡っているという状況で、低出力核を兵站部隊に対してデモンストレーション的に使用したり、海上輸送を阻止して兵站を切る目的で核を使おうとするというシナリオは、場合によっては想定されます。

ただ、彼らの「セオリー・オブ・ビクトリー（戦争の大まかな戦い方、勝ち方）」の中では、自分は核を使えるけれども相手には核を使わせないという状況を作れないと核使用の信憑性はありません。つまり、核を使った後で報復されてしまったら元も子もないので、彼らは階層的なエスカレーション・ラダー（エスカレーションの梯子）を作っています。そのために、短距離の核兵器だけではなく、アメリカを思い留まらせるだけのアメリカ本土に届くＩＣＢＭ能力を中国・北朝鮮両方とも発展させてきているわけです。

それを考えると、やはりアメリカの本土防衛をちゃんとやってもらうのは大事です。今、米ロの間では新ＳＴＡＲＴという軍備管理枠組みがありますが、二〇三五年までに一五〇〇発くらい核弾頭を持つかもしれない中国の扱いが、新ＳＴＡＲＴ後の条約や軍備管理枠組みをめぐる議論の中で非常に重要なトピックになってきます。そこで果たして中国との相互脆弱性を米ロ関係と同様に認めるべきなのかが焦点です。中国との相互脆弱性を認めるとなると、ただ単に口約束をするだけじゃなく、配備するミサイルや弾頭の制限が米中間で取り決められ、かつてのＡＢＭ条約（弾道弾迎撃ミサイル制限条約）のように本土防衛に一定の制限をかけることでアメリカ本土を意図的に脆弱な状況にしてバランスを保ちましょう、という発想が出てくる可能性があります。

実際にバイデン政権のミサイル防衛見直し（ＭＤＲ）では、これまでオバマ政権とトランプ政権のＭＤＲに書かれていた「ミサイル防衛を交渉の対象にはしない」という文言が削除されています。恐らく軍縮派の人たちは、ミサイル防衛を何らかの取引材料にする余地を残そうとしているのでしょうが、日本としては「そういうことは困る」とはっきり言うべきではないかと思います。

今後、核軍縮は進んでいくのか

多田　条約の話も出てきましたが、戦略兵器削減条約についてもお聞きしたいと思います。今のところアメリカとロシアの二か国間だけで戦略兵器削減条約が締結されていますが、それが2026年に失効します。その後のシナリオとして、同じような枠組みで延長するのか、全く異なる制限条約をもう一度締結するのか。恐ろしいシナリオですが、制限条約をなくすという方向もないとはいえません。

私の個人的な考えでは、例えば制限条約がなくなるとロシアは逆に困るのではないかと思うのですよ。というのも、経済力を背景にした軍拡競争をやることになったら、ソ連時代と違ってロシアの経済力はアメリカとは全く比較にならないので、ロシアは絶対に負けるわけです。だからロシアの方はうまいこと自国に有利なように制限条約をつくりたいと考えているのではないでしょうか。

一方でここ最近、軍備管理という面では、弾道弾迎撃ミサイル禁止条約や中距離核戦力全廃条約を筆頭に、失効してなくなってきている条約があるのも事実です。素人考えですが、アメリカとロシアでこの捉え方が違っていて、弾道弾迎撃ミサイル禁止条約を例に挙げると、アメリカは冷戦時代の古い枠組みを残していてもあまり意味がないので、新しい時代に合わせたものにしようということで条約を脱退したのかもしれません。一方でロシアとしては、アメリカが脱退すると言ったときに、「お前たちはミサイル防衛システムによってロシアを封じ込めようとしているから脱退したんだろう」と考えているように見えなくもありません。

ですからアメリカとロシアの認識をどう擦り合わせていくかというのが大事で、村野先生も「アメリカは伝統的にミサイル防衛を戦略核兵器削減条約の枠組みに入れてこなかった、しかしバイデン政権でその文言はなくなった」と指摘されましたが、今後もし二〇二六年以降の新しい条約を作るときには、やはりミサイル防衛の交渉を盛り込むかという問題があります。ロシアとしては絶対にミサイル防衛を条約の枠組みに入れたいはずだと思いますが、いかがでしょうか。

あと、削減条約というのは二つの意味ですごく重要だと私は思っています。一つは保有兵器を申告して、それに対する査察が入るので、透明性がある程度確約できます。相手が何を開発しているのか分からないということにはならない、というところが重要です。もう一つはしっかりと条約の条文で合意をまとめることで、お互いの考えがちゃんと明文化されるのも重要だと思っています。違う言葉を使っているのはまだいいほうで、同じ言葉なのに解釈が違っていたりすると、誤解が生まれて悪い方向へ向かいやすくなります。そういうことがないように条約という形で明文化するのは重要です。この二つの意味で、もし仮に削減条約といいながら削減されなくても、管理条約としてはとても重要だと考えているのです。

そしてもっとも重要なのは、多分ロシアもアメリカも我々日本も考えていることだと思うのですが、次に条約を更新するとしたら露米の二か国だけではなく、ぜひとも中国も入れたい、という点です。しかし中国を交渉の場に引き出すことはできるのか、あるいはどうやったら引き出せるかをお訊きしたいと思います。

小泉　現在アメリカとロシアの関係はこれだけ悪くなっていますが、悪いからこそ軍理管理は意味があると思います。関係が悪い中でアメリカとロシアがお互い核を持っていて、しかもロシアの場合はヤバくなったら核を使うというドクトリンまであるとすると、核を減らしていくという合意が簡単ではなく、明らかに行き詰まっているとしても、少なくとも核の保有状況であるとか、このカテゴリは持ってはいけないというようなキャップをお互いにはめることに意味はあるのではないかと思います。

まず前提となるINF条約がなくなってしまっている状況下で、戦略核だけ規制してもどれだけ意味があるかという問題があります。今後核兵器を規制していくとすれば、従来の中距離核や戦略核といった区分をシャッフルする、あるいは中距離もひっくるめた戦略的な性格を持った兵器の規制という形にしなければいけないと思いますね。

これは中国を巻き込むときにも意味があると思っています。中国を巻き込めるかというのはそもそもきわめて難しいところですが、中国を巻き込むとすれば、彼らはユーラシア大陸の中の国なので米ロ間、つまり大陸間の戦略兵器とは射程がそもそも根本的に違うだろうということを念頭に置く必要があります。その意味でも従来の大陸間という区分けは通用しなくなるんじゃないでしょうか。少なくとも戦略的意義を持つ兵器という大カテゴリーを作って、その中に大陸間射程、中距離射程、あるいは準中距離射程ぐらいまでサブカテゴリーを作り、それぞれに関して総量キャップをはめるのか、この国は大陸間を多く持つ代わりに他を少なくするとか、そういう仕組みを考えないともう持たないという感じが私はしています。

あとは、いわゆる戦術核というか非戦略核、これは現実的には規制が難しいと思うんですよね。というのはそれ専用の運搬手段ではなく、普通の戦術ミサイルや対空ミサイル、下手すると大砲の砲弾といった形で使うものですから、運搬手段や発射装置を規制することで同時発射数が規制できるという戦略核とは全く性質が違います。だからもともと戦術核の規制は難しかったし、今後とも難しいのだろうと思います。

そこで面倒なのが中国で、彼らはいま一生懸命戦略核を増やしているわけですが、戦術核やいわゆる中距離核を一生懸命やっている様子が全然見られないことです。中国が頑張っているのは基本的にアメリカに届く戦略核ばかりで、少なくとも表向きは、我々の中距離ミサイルや短距離ミサイルは通常弾頭や精密誘導兵器、極超音速弾です、という顔をしています。そうなると核であるかどうかで区分するのは多分難しくて、「このカテゴリの運搬手段の数はこれくらい」みたいな、ある程度ざっくりとした規制になっていく感じもしますね。加えてインドやパキスタンの核も本当にこのままでいいのかという論点もあります。なんとなくもうみんなOKみたいな顔をしていますが、あれはあれでかなりヤバい状況だと思います。しかも、彼らは北朝鮮と韓国に比べても深刻な衝突を時々起こすので。

だから、世界が滅びかねないような規模の核戦力を持っている国の核の規制と、地域的に受け入れがたい損害をもたらしかねないような保有国の規制を、全部入るようにすると恐ろしくふわっとした枠組みしかできないので、ダブルトラックでやるようなイメージを私は持っています。

多田　本書の読者向けに補足しておきますと、日本語的な定義でいうと、まず戦場で使うものが「戦術兵器」で、戦場を超えて敵の中枢をいきなり攻撃するのが「戦略兵器」と一般的に言われます。ただしたとえばB61核爆弾は両方の使い方ができて、戦略兵器であると同時に戦術兵器でもあります。つまり戦術兵器か戦略兵器かは運搬手段と運用方法次第なのです。

村野　今アメリカの核コミュニティでは「戦術核」という言い方はしなくなっていて、米ロ間の新START条約で拘束されている配備済み弾頭を「戦略核」、それ以外のものについては「非戦略核」という言い方がされています。

戦略核と非戦略核をあえて分けるなら爆発の威力、高出力か低出力で分けることになりますが、実際は非常に文脈依存的なので、一言で説明するのは難しいです。例えばイスカンデルMに核を搭載してワルシャワを攻撃すれば強烈な戦略核攻撃になりますが、イスカンデルMの射程自体は五〇〇キロメーター程度しかないので、新STARTの縛りを受ける兵器ではありません。一方、射程一万キロメーターを超えるトライデントSLBMは、新STARTのカウンティング・ルールの制約を受けますから、軍備管理条約上は戦略兵器に分類されます。しかし、さきほども述べた通り、トライデントの一部には五キロトン程度の低出力核弾頭を搭載したものもある。これでロシアの片田舎にある航空基地を民間人への被害が出ない形で限定的に攻撃したとしても、戦略核攻撃とは言えないと思います。

小泉　使い道によるところがきわめて大きいと思うんですよね。包丁で大根のかつらむきもできれば心中もできるわけで、では包丁というのは殺人の道具なんですか、料理の道具なんですかと言ったときに、どっちにも使えますがメインの用途は料理ですね、という答えに落ち着くのではないでしょうか。恐らく道具とはおしなべてそういうものではないかと思います。

冷戦時には戦域があらかじめ大体想定されていたわけです。北極海を隔ててアメリカとソ連があって、戦うとなればおそらくヨーロッパのこの辺だな、ということが考えられていたから、この武器が戦術的な用途で使用される、この武器が戦略的な用途で使用される、と。でも今は核を持っている国の数も増えましたし、そうなると地理的条件も様々だから、ますます一概には言いにくくなっています。

加えて、軍備管理系の人が「戦術核兵器なんてないぞ」と言いたがるのは多分、それを使ったら最後どこまでエスカレーションするか分からないきわめて危険なもので、使える核なんかないいんだからね、と警告を込めて言っている部分もあって、それは正しいと思っています。

村野　核軍縮の話に戻りますと、まず一つはさきほど申し上げたように、次の新STARＴ後継条約では中国ファクターをどうするかというのが一番重要になってきています。

なぜ中国が重要になってくるのかというと、まず数の問題があります。弾頭数の点でも二〇三五年までに一五〇〇という予測が出ていて、この数字は今、米ロの新STARTで許容されている配備済み戦略核弾頭の一五五〇という数とほぼ同数ですから、中国がもし開発した弾頭を全部配備するとなると、米ロにほぼ匹敵する水準の核戦力を二〇三五年に持つことになります。大規模な核保有国が二か国であれば一対一の数的な均衡を作ることができますが、三か国になるとこのような均衡を作ることは論理的に不可能です。なぜなら中国とロシアが結託してしまった場合に、二対一になってしまうからです。

こういう観点から、アメリカの核戦略家の間では、新STARTが二〇二六年まで持たない可能性があると見られ始めています。特に、新STARTの後継条約ができるにせよできないにせよ、二〇二六年以降を見据えて、アメリカはロシアと中国を同時に抑止するために、配備済み核弾頭数を現在の一五五〇から大体二五〇〇から三五〇〇くらいの水準にまで軍拡すべきだという議論がかなり強くなってきました。

それとは別に、中国の核が増えたときにインドがそれを黙って見ているのかという問題もあります。インドは中国に対するパリティ(同等性)を追求しているわけではないけれども、インドの配備核弾頭数が中国を意識したものであることは事実です。最近も弾道ミサイルの実験をしていますが、今後インドの国力がこのままが伸びてくることを考えると、インドの核ももっと増えるかもしれない。インドの核が増えるとなるとそれに合わせてパキスタンの核も増えるかもしれない、ということで、わけのわからない状況になります。本来、印・パキの核というのは南アジアの独自のエコシステムの中で作られた核対立だったわけですが、中国の核が米ロ関係だけでなく印パキ関係にも影響するかもしれず、さまざまな波及効果が予想されます。

そして難しいのが新START後の軍備管理の枠組みのあり方です。これまで兵器の削減条約は、冷戦期から欧州ではCFE条約（欧州通常戦力条約）があり、真ん中にINF条約があり、さらに戦略兵器の削減条約があるという具合に、階層的な軍備管理を成立させてきたのですが、CFE条約は事実上ロシアが守らず、INF条約は崩壊して、今ロシアと西側との間には新STARTくらいしか軍備管理条約が残っていません。その状況でもう一度安定的な軍備管理を再構築しようとするのは、基礎がボロボロになっている家をリフォームするようなものですから、相当難しい。例えば、INF条約がなくなった穴を埋めるために配備上限を増やす一方で、軍備管理対象とする運搬手段の射程の下限を五五〇〇キロメーターから三〇〇〇キロメーターぐらいにまで引き下げるというのは、一つの考え方としてあるかもしれません。

無論、中国が乗ってこないと、下限を伸ばす意味はあまりありません。米ロ間だけで中距離ミサイルが制約されてしまうと、西太平洋地域にアメリカのミサイルを配備するときの足かせにもなってしまうので、中国がこの枠組みに乗らないなら、またアメリカだけが手を縛られるという結果に終わるだけです。中国が日本と台湾を射程に入れる短・中距離のミサイルを減らすことは当面考えられそうもないですが、とりあえずDF－26の配備数を制限して、グアムの安全性をなんとか維持できるとすれば、多少のメリットはあるかもしれません。

別のやり方としては弾頭数だけでなく、例えば射程三〇〇〇キロ以上の地上発射型ミサイルは核弾頭のみを配備することに制限するというような発想はあるのかもしれません。しかし、そうなると我々はロシアや中国のどのような能力を制限すべきなのかをリストアップし、その代償として我々がどのような能力を差し出せるかを同盟国で精査する必要があります。軍備管理とはお互いがフェアな状況で手を結ぼうという思想ではなく、相手のどの能力を縛って、代わりに我々のどの能力を差し出すかというものです。仮に中国の能力を縛りたいとすると、代わりに我々が差し出すカードとしてミサイル防衛は切るべきでない、交渉条件にすべきではないと私は思っていて、そうなると差し出せるものとは何か、非常に難しい選択になります。

多田　確かにすごく難しいですね。ロシアだけを相手にする二か国間交渉でも大変なのに、そこに中国という一番の難敵を入れて交渉するというのは、どう着地するのか想像もつきません。でも、がんばってやってもらわないといけないですよね。

米ロの装備更新から分かること

多田　細かい話になってしまいますが、ここで装備の話にも触れたいと思います。

昨日（二〇二二年一二月二一日）、ロシアの国防省拡大会議でいくつか重要な発表がありました。総兵力を一〇〇万人から一五〇万人に拡大するとか、細かい装備では極超音速対艦ミサイルのツィルコンを来年早々に実戦配備するとか。そして今回のテーマである核兵器関連では、RS－28「サルマート」、これは人類最強の兵器であったR－36M2を更新する最新の大陸間弾道弾ですが、その実戦配備が間近であるという発表に注目すべきだと思っています。FASが今年二月に発表した『Russian Nuclrea Weapons 2022』では「Upgrading」となっていましたが（これはR－36M2からの装備転換をしていたことを意味しています）、これがついに実戦配備の状態となります。R－36M2はもともとウクライナで製造していたので、ウクライナが「外国」となったために純国産技術で製造したRS－28に移行するといった細かい事情もあるのですが、そういうのを差し置いても、ロシアはほとんど出番がないような戦略核兵器もかなり熱心に更新しています。

一方でアメリカは、大陸間弾道弾も潜水艦発射式弾道弾も、冷戦期に開発されたままの古いものを使っていて、最近ようやく大陸間弾道弾を更新すべく新型を開発中です。一方で、UGM－133「トライデントII」用の低出力核弾頭を開発したり、B61核爆弾を精密誘導化した最新型のモード12を開発したりして、使う敷居が低い核兵器に関しては更新しています。ほとんど使わないであろう、世界を終わらせるような戦略核兵器はそれほど熱心に更新していないのと対照的です。

このように、ロシアが戦略核兵器を熱心に更新しているのは、ロシアのほうがより柔軟に核兵器を使う気があるのか、あるいはそう思わせたいのか、少なくともそのどちらかであるように思えます。アメリカとロシアの核兵器の更新からどんなことが言えるのか、ご意見をお聞かせください。

小泉　それに関して言うと、アメリカは例えば一九六二年に配備が始まったミニットマンIIIをガワを除いて中身はほとんど取り替え、今でも運用しているように、冷戦時代も冷戦後も一貫して大規模な核戦力の維持プログラムを続けられました。対してロシアはそれができず、二〇〇〇年代初頭までに、ロシアの核戦力って一度本当にボロボロになったわけですよね。そこから何とかキャッチアップするのがロシアにとっては至上命題だったので、いま一生懸命いろんな戦略核兵器を開発して配備しているのは、一見アメリカに対して先行しているように思えますが、実は90年代にやれなかったことを遅れて頑張ったという要素がまず大きいです。

その後、二〇一四年のクリミア侵攻以降にアメリカとの関係がすごく悪くなりましたから、さらに戦略核戦力を拡大するインセンティブが生じているわけですよね。それでも単純なＩＣＢＭの配備数ではアメリカにいつまでも勝てなくて、だからサルマートみたいな多弾頭のミサイルに期待をかけなければいけないんです。冷戦期のＳＤＩとは違うんだけど、なるべく安上がりにアメリカとの核の均衡を維持しなければいけないというインセンティブがロシア側に強く働いていることは間違いないかと思います。

一方で戦術核の方はかなり意識的に一生懸命配備しているように見えます。戦術核そのものを配備しているとは彼らも言っていないんですが、核弾頭が搭載可能だと言われているミサイルのイスカンデルＭをこれまで年間二個旅団分調達してきたんですよね、過去十年間くらい。これはものすごいペースです。あれだけ多数の短距離ミサイルシステムを一気に買う国って世の中にそんなになかったはずで、確かに力を入れていました。ただ、ロシアはイスカンデルＭについて一応、基本は通常弾頭だと言っていて、核弾頭についてはこういうオプションもあるよ、と縮小模型が武器展示会に展示されただけです。なので一応公式には、あれを核弾頭の運搬システムだとは言っていません。しかし依然として戦術核弾頭をたくさん持っていることは間違いないし、通常戦力は劣勢だから有事に戦術核に頼るつもりはあるにはあるのだと思います。ロシアはアメリカよりも柔軟な核戦略というか、核に頼った戦い方を意識せざるを得ない国であることも事実です。それでも、さきほども言ったように、ハルキウでの大敗後もロシアは核兵器を使わなかったわけですが。

村野　今おっしゃったことは、アメリカの核コミュニティの核戦略家の新ＳＴＡＲＴの後継条約を見据えて配備上限を拡大しなければいけないといった議論とも関連してきます。

アメリカは配備していない予備の核弾頭がまだ二〇〇〇発くらいあるんですが、今アメリカで製造された最新の核弾頭のコアは一九八九年に作られたものが最後なので、そろそろ新しいものを作る必要があるのではないかという意見があります。

アメリカで核の「近代化」というと、ミサイルなどの運搬手段については、新型を開発したり改良を重ねたりという取り組みがなされていますが、核弾頭の中核部分の「近代化」というのは基本的に部品の取り換えにとどまっています。ニュークリアエクスプローシブパッケージ（NEP）という核爆発に関係する部分の更新は実爆実験を伴うので、NEPには手を付けない形で周りのシステムだけ、当時そのままの部品にそっくりな新しいものに取り替えるということをやっています。しかし、リプレースメント（置き換え型の更新）だけではもはや信頼性を維持するうえで限界に達しつつあるというのが、アメリカの核コミュニティの中での最近の見方です。一応ストックパイルはまだあるので、それを再活性化すれば新STARTのための数は確保できますし、まだ爆撃機の余剰もあるので頭数を揃えることはできます。しかし、果たしてそれで本当に運用上信頼性のあるものができるのかが疑問視されていて、二〇二六年以降を見据えて軍拡をするにしても、やはり新しいものを作る必要があるんじゃないかという議論が最近、ここ一年ほどで非常に強く出てきています。

他方でその運搬手段については、ミニットマンⅢの後継として次世代ICBM（センチネル）を作ることが決まり、次世代ステルス爆撃機B21レイダーもこの間お披露目されました。戦略ミサイル潜水艦については、オハイオ級に代わってコロンビア級というのをこれから作ることになります。一方、SLBMではトライデントⅡという完成度がもともと高いシステムが一九八〇年代後半に完成してしまったので、新型SLBMの開発計画はありません。さきほど、完全新設計の核弾頭は製造されていないと言いましたが、弾頭の性能向上は行われてきています。例えば、トライデント用のW76核弾頭には、着弾誤差に応じて爆発威力と起爆高度を自動調整する信管が導入されています。これによって、ミサイルそのものに改良を加えなくても、目標を撃破するために最も効率的な過圧を発生させることができるようになっています。これらのほとんどはブッシュ政権のころから計画され、オバマ、トランプ、バイデンと歴代政権が引き継いできたもので、サプライズはありません。

唯一例外があるとすると、ここ数年で核コミュニティ内の一部に、ICBMの脆弱性を下げるために、移動式ICBMを再検討すべきではないかという意見が聞かれるようになってきました。「再検討」というのは、七〇年代から八〇年代にMXと呼ばれていたピースキーパーICBMの配備オプションをめぐる論争を彷彿とさせるからです。当時はコストや政治的問題などで実現せず、結局ピースキーパーは保守的なサイロ式に落ち着きましたが、元々移動式オプションが検討されたのは、ソ連のSS－18配備を通じて米国本土のICBMに対する脅威が急速に高まったからです。これは現在の中国のICBM増強とも通じるものがあり、もしかするとGBSD（地上配備戦略抑止力＝センチネル）

の配備オプションとして移動式が再検討される可能性も、ワイルドカードとしてあるのではないかと注目しています。

多田　今や移動発射式戦略弾道弾を持っていない国はアメリカだけになってしまいましたからね。新興国は、ロシアから技術移転したという事情もありますが移動発射式が主流になっていて、逆にサイロ式が珍しいくらいです。

村野　そうですね、他の国でＳＬＢＭへの信頼性が相対的に低いのに対して、アメリカのトライデントⅡの能力がものすごく高いので、アメリカの核戦力はさしてＩＣＢＭに依存しなくて済んできたという側面もあります。今後もＳＬＢＭへの搭載弾頭数を増やすことで一応頭数は揃えられるかもしれないですが、潜水艦そのものの数も限られているので、やはり地上のＩＣＢＭを移動式にできればトライデントへの傾斜をもう少し分散させられるかもしれません。

二〇二六年以降どういう戦略を取るのかとセットで核の三本柱の組み合わせ方を考えていくことになると思います。これはアメリカが能力的に高いＳＬＢＭを持っているからこその贅沢な悩みというところもありますが、同時に敵が多いわけですから、技術で劣る中国やロシア、北朝鮮と、敵をたくさん抱えているアメリカと、どちらに優劣があるのかという難しいバランスになってきている感じでしょうか。

多田　トライデントⅡはまさにオーパーツのようなもので、三十年経って未だにあれを超えるものが登場しない、誰も足元にも及ばないというとんでもない技術の結晶なので、確かに更新する必要がないというのはありますね。アメリカでは、もう戦略核兵器はあれだけにしてしまって、大陸間弾道弾は廃止しようという意見の人もいるくらい、トライデントⅡは超兵器です。

しかし、それを廃止しようという議論があったときに、純軍事的に廃止してはいけないという人だけでなく、中にはサイロが配備されているワイオミング州で、サイロが廃止されると経済的な問題がある、地元に落ちるお金がなくなるので反対だ、と反対運動も起こっているくらい、この問題は政治的というか、一筋縄ではいかず、まるっきり変えてしまうことは容易ではないようです。

村野　ええ、ＩＣＢＭサイロ誘致派というのがアメリカにはいるくらいですからね。

核兵器が太平洋戦争以降使われてこなかった理由

多田　本書の読者の方々の中には、広島・長崎に原爆が投下されて以来、八〇年近く実戦で使用されてこなかった核兵器が、近い将来に再び使われる可能性があるのではないかということを心配されている方も多いと思います。

核兵器が太平洋戦争以降、使用されなかった最大の理由は、これまでの議論を踏まえると、どこまでエスカレーションして転がっていくか分からない、最終的に国がなくなってしまう懸念があったから、ということになるのだろうと思います。しかし一方で、通常兵器を使って大きな戦争はしているのに、核兵器だけを特別視して、タブーとしてきた、その理由をあらためて考えると、どういうものになるのでしょうか。核兵器と他の兵器との根本的な違いは、何だと言えるでしょうか。

村野　まず、核のタブーがあるのは間違いないと思います。そしてここまで議論したように、冷戦期の途中からは核兵器による報復を恐れたという点もあります。核を使ったら全面核戦争になって人類が滅びるかもしれない、だから核兵器は危険だったわけです。

逆に現在は、核兵器を使っても全面核戦争に至らないかもしれない、人類が滅びないかもしれない、だから核を使う国が出てくるかもしれない、という危険があります。核が使われるかもしれない「核の影（ニュークリア・シャドウ）」がチラつく状況下で行われる通常戦争をいかに抑止するか、あるいはいかに戦うかということが求められていて、まさにウクライナ戦争はその例の一つなのです。

今後、インド太平洋地域で起きるかもしれない台湾や朝鮮半島での有事においても、同様のリスクを抱えながら、戦争を未然に防ぐ、もし起きてしまった場合には核を使わせずに戦争を終結させる方法を我々は見出さなければいけない。冷戦期とは異なる、そうしたリスクが出てきているのが今の特徴です。

小泉　第二次世界大戦が終わった後の七十七年間のうち、四十五年くらいは冷戦でした。この時に核が使えなかったというのは全くその通りで、使ったら人類が滅んじゃうからだと思うんですよ。ソ連の将軍たちが書いたものを読んでも、彼らは核がまっとうな兵器ではないという認識をしていました。あんなものを使ったが最後、人類は滅んでしまう。クラウゼヴィッツは戦争を「他の手段をもってする政治の延長」と言ったけれども、人類が滅ぶときにもう政治も何もない、だから核は兵器の形をしているけれども兵器ではない、という評価でした。

　ではどうするかというと、何とか核を使わせないようにしながら戦争をする方法を考える、あるいは万一のときのことを考えても仕方がないので、それまでは普通の戦争をする、みたいな開き直った態度になるわけですよね。多分そういう考えで、ロシアの将軍たちは、核戦略を難しく考えると実用的な軍事戦略の指針としては手に負えなくなるので、とにかくなるべくシンプルに考える、という傾向があったと思います。これはアメリカもそうだと思うんですね。核戦略家はノーベル賞経済学者たちだからすごく難しいモデルを作って考えるんだけど、アメリカの将軍たちがそれを本当に理解していたかというと、あやしい部分があると私は推察しています。でもやはり、核兵器はいくら何でもやばいものなんだと考えられて、とりあえず使わずにここまできました。

　有名な話では一九八七年に、ソ連の戦略ロケット部隊の指令センターで、ペトロフ中佐という人が当直中にノルウェーからの変なミサイル発射を観測しました。規定では報復しなければいけないんだけど、一発だけだし明らかにおかしいと、彼は踏み留まったんです。そして上層部に報告して調査したら、やはりあれは観測ロケットだったということが分かった。そういう決して有名ではない末端の、普通の中佐や大佐くらいの人々の良識によって核を使わずに済んでいた、いわば我々の人間性が核使用を防いでいたという部分も恐らくあると思います。

冷静が終わった現在、さっき村野さんがおっしゃったように、別にいま核を使っても第三次世界大戦で人類が滅ぶという感覚を私たちはあまり持っていません。その感覚は冷戦という、一歩間違ったら人類が自分たちの作った核兵器で破滅するという完全に狂った状況を、一応はマネージして切り抜けたという自信が影響しているようにも私は感じます。

その一方で、そう思って安心していると、ロシアが先祖帰りしたようなとんでもない戦争を始めたりもします。そういう中でアメリカは、ここまでは一応、核弾頭の数がイリバーシブル、不可逆的に減って来たわけだけれども、また核弾頭を増やした方がいいんじゃないかという話をしています。それは恐らく局所的には最適なんだけど、そうなると結局、地球を七回滅ぼすだけの核兵器をみんなが持っているというような状況に戻る可能性もあるわけです。

今まで核を使わないで済んできたのに絶対的な理由はなく、やはり我々のその時々の良識の発揮みたいなものに支えられてきた部分は大きいんじゃないかと思います。そういう意味で、国際法や国内の反発といった、ルールや人々の持っている常識の力はこれまでも効いてきたし、意外とこれからも力になるのだろうと私は思います。

多田 そういう歴史的な経緯を踏まえると、あの冷戦時代の緊張を乗り越えてきた英知のある昔からの核保有国というのは、これまで核戦争を起こさなかったという点では安心で、だからロシアはまだ比較的信用できると私は思っています。それに比べて、近年新しく核兵器を持った国はそういった核管理の経験がないので、新たに核兵器が拡散するというのは本当に恐ろしいことだと感じます。ですから核不拡散というのはすごく重要な論点ではないかと考えています。

政治家と軍人の核へのスタンスの違い

多田 さきほど小泉先生から、前線の軍人がエスカレーションを止めたという話がありましたが、政治と軍の核に対するスタンスの違いについてもお聞きできますでしょうか。本来核兵器の使用を最終的に決めるのは、政治家、とくに国家元首ですが、現場の軍人は政治家よりも核兵器使用の敷居を低く考えているのか、それとも逆に敷居を高く考えているのでしょうか。

アメリカ海軍は冷戦期には潜水艦発射式弾道弾という戦略兵器以外に、核弾頭を搭載した巡航ミサイルや航空母艦から発進する航空機に積む核爆弾を運用していましたが、その後それらをなくして核兵器は潜水艦発射式弾道弾だけにしました。私が仮に現場の軍人だったら、核兵器を管理する必要がなくなってああよかった、という気分になります。ですから実際に軍人はどう思っているのかというのが気になるところです。軍では今までお話しした政治主導の考え方とどれくらい温度差があるのかを、お二人とも軍人ではないですがおわかりになる範囲でお聞かせいただければと思います。

村野　軍人は政治の命令に従うのが仕事ですから。ただ、自らの手で核のトリガーを引くかもしれない人たちの精神状態は、一般の人にはなかなか想像できないと思います。だからこそここで紹介しておきたいのですが、核抑止に携わる人は、起こる可能性が限りなく低いけれども、万一の時には決定的に重要になるその瞬間のために二十四時間備えるという過酷な任務を負っています。モンタナのＩＣＢＭミサイル基地は冬は雪で閉ざされてしまうようなど田舎にあるんですが、そういうところで地下にこもり、何も起こらない淡々とした日常と、世界で最も即応性の高い核ミサイルの運用を任されるという緊張感の間に生きる環境は、特殊としか言いようがない。爆撃機で核任務の訓練をしている人も、戦略ミサイル原潜に乗っている人も、あるいはグリーンランドのレーダーサイトでロシアのミサイルを見張っている人も同じです。

戦略軍の司令官から聞いた話で印象に残っているのが、「世界が平和であり、我々が核戦争の脅威を感じていないのは、今ある平和が自然な状態だからではなく、人知れず地下のミサイルの発射サイロやレーダーサイト、潜水艦の中にいてアメリカの核抑止を支えている人た違いるからこそなんだ」という話です。まさに日本はその利益を受けているわけですよね。こういう人たちがストレスの中で日々過酷な任務を行っていることを、アメリカの核抑止に付き合っている同盟国として忘れてはいけないと思います。

もう一つ、攻撃型原潜では一九九〇年代の前半にTLAM－N（核トマホーク）が降ろされて核任務が外されましたが、そのとき現場がどう感じたかを想像すると、私は多田先生がおっしゃった通り肩の荷が下りた気持ちだったと思いますね。実際にアメリカのサブマリーナたちはそういうふうに言っていました。最近、バイデン政権でTLAM－Nの後継になる海洋発射型の核巡航ミサイルがキャンセルされましたが、これが必要だとアメリカの軍人たちが声を揃え始めたのは、実は結構最近のことでした。それまでアメリカ海軍は、そこまで潜水艦艦船発射型の核巡航ミサイルを復活させることに一致団結していなかったんです。それはまさに、核任務と通常任務を一つの潜水艦の中でやりくりするのは管理が大変で、非常にストレスがかかるからというのが一番の理由です。

その上で、核を扱う人たちはやはり否定も肯定もないというか、いざというときに自分たちが機能しなければならないと常に意識して任務にあたっているのも事実なので、アメリカであれば大統領が命令を下した場合には、最善のオプションを提示できるように普段からきちんと訓練をしています。

ミサイル防衛の議論でも、批判的な人たちはよく「実験では成功しているけど、実戦では成功しないかもしれない」と言いますが、基本的にミサイル防衛も核抑止と一緒で、敵からミサイルが飛んでくるかもしれないと思いながら三六五日二四時間の監視任務についています。そこでかかっているストレスは常に同じ、常に彼らは臨戦体制です。

多田　陸上自衛隊にいる私の知り合いに、陸上自衛隊がイージス・アショアを運用するかもしれないという話があったときに、「その司令官になりたいですか」と訊いたのですが、「絶対にいやだ」と答えていましたね。三六五日二十四時間ずっとそういう緊張感にさらされる仕事は絶対にしたくないとおっしゃっていました。やはり戦略軍が大変なエリートだというのがよく分かります。

小泉先生、ロシア側ではどう思っているのでしょうか。特にお訊きしたかったのは、ロシアのエリート中のエリートである戦略任務ロケット軍に「あの暗黒の九〇年代にロシアが崩壊しなかったのは、自分たちがいたからだ」というようなプライドがあったりしたのか、といった点です。

小泉　これは難しいところで、ロシアといえども核兵器を一度も使ったことがないので、軍人と政治家のどちらが気軽に核を考えているかというのは分からないですよね。ロシアの軍人たちも核を扱っているがゆえに、これはきわめて恐ろしい、一歩間違えると人類が破滅するということは多分よく分かっています。プーチンやその周りのKGBの連中がよく分かっていない可能性はあるとは思いますけど、ここのところは何とも言いようがなく、どっちがよく分かっているかを定量的に示すことはできません。

ただ、イスラエルにディマ・アダムスキーというロシア軍事専門家がいて、彼が数年前に書いた『Russian Nuclear Orthodoxy』という本で面白いことを言っていました。ソ連が崩壊して、それまでソ連で一番のエリートとされていた核産業や核ミサイル部隊が尊敬もされなくなりお金も入ってこなくなり、実際にモラルも低下してめちゃくちゃになったんですが、そのとき誰が手を差し伸べてくれたかというとロシア正教会だったんです。そこでロシアの核産業と核部隊と正教会の間に不思議なトリニティができあがると、こういう話なんですよ。だからロシアの核を扱っている人たちには自負もあるし、あの90年代という時代に大変な辛酸をなめたことも間違いないです。その後、プーチン政権下である程度持ち直してきたし、弾道ミサイルを積んだ原子力潜水艦に正教会の聖人の名前がつくという状況になって、ある程度精神的にも落ち着いた部分はあると思います。

ロシアの核部隊は基本的に徴兵した兵を配属しておらず、契約軍人と将校だけでやっているので、今はある程度まともになっているようです。だから今のロシアでプーチンが核部隊に核を使えという命令をすれば、恐らくそのとおりに核攻撃は行われるのでしょうね。そこはためらわずに言われた通りやるというのはアメリカと同じだと思います。その前にゲラシモフ参謀総長とか、あのレベルの人が本当は止めなければならないんですよね。それは現場に負わせてはいけないことだと思います。

村野　今の話は非常に興味深いですね。ロシア版の「核の忘却」のような現象が起きたとき、それを支えたのは正教の人だった、と。キリスト教が反核運動と結びつくアメリカとは逆ですね。

この間ある核の専門家に「日本では宗教コミュニティと核のタブーの議論というのはあるのか」と聞かれて、いやそういう組織だった動きはないと言ったんですが、アメリカの核の世界では宗教とのつながりが深いと聞き、興味深いなと思いました。思い返せば、二〇一九年にローマ教皇フランシスコが長崎に来たときに核廃絶を訴える演説をしたことがメディアで取り上げられましたが、彼は強い反核の信念を持っています。それに加えて倫理的な問題もあり、アメリカではカトリックの人たちが反核コミュニティの一翼の推進役になっているという側面もあるようです。

小泉　それは面白いですね。軍事と宗教でいうと、少し前にロシア正教会で兵器のお祓いについて問題になったことがありました。日本で戦闘機がロールアウトするときに神主がお祓いするような感じで、ロシアの軍事産業でも祝福をするんです。そのときに一部の司祭たちが、兵隊が持つ小銃は祝福してもよいけど、核ミサイルを祝福するのはおかしいと言ってモスクワ総主教庁に逆らったんです。その後どうなったかはよく知りませんが、ロシアでもアメリカでも、キリスト教世界の中ではきっと同じような問題があるんでしょうね。

核に備えることが核の脅威を遠ざける

小泉　今後、核が使われる蓋然性について考えると、ウクライナに関していえば、これだけの大戦争になってしまって、核が使用される可能性は高まりましたが、ではゲージのどこまで行っているかというと、私はまだ半分は超えていないだろう、つまりまだ差し迫った状況ではないだろうと判断しています。少なくとも二〇二二年九月のハルキウ敗戦時にロシアが核を使いませんでしたから。

日本も、今すぐ何かしなければ核攻撃を食らうというような状況でないのは明らかです。とはいえ冷戦期に比べると、日本に核弾頭を突き付けている国の数は確実に増えました。まずロシアがいて、中国も恐らく少数の核弾頭を日本に向けていて、加えて北朝鮮という三つ目の国ができてしまっています。しかも中国のミサイルの性能は現代的水準に照らして高いですし、北朝鮮も決して低くありません。やはり日本に対する核の脅威は上がっているには上がっているとは思います。
核攻撃が行われるかどうかは、地震とか台風とは違って、客観的にどうしようもないというものではありません。我々はやはり、核を使う相手に働きかけて核を使わせない努力はできるので、そこは決して無力感を持つべきではないと思います。
我々人間は肉体という同じハードウェアの上で生きている、この肉体が滅びたらおしまいだという点で、誰しもが共通言語をもった存在だと思うんですよね。だから話し合えば分かるとは思わないけれど、殺したらみんな死ぬよね、という点では話が通じる、その意味で核戦略というのは、一番普遍的な共通言語という気もするんですよ。

多田　そうですね。冷戦後もずっと人類は戦争を続けてきましたが、それでも核兵器は一度も使っていないですからね。やはり人間の心のどこかにあるのだと思います、核兵器だけは使ってはいけないという意識が。

村野　私の考えも基本的に小泉さんと同じで、冷戦が終わって以降、今回のウクライナ戦争が一番核使用の危険性が高まった戦争であることは間違いないです。ただ、核武装している国を相手にする以上は、常に核エスカレーションのリスクを考えて行動しなければいけない。さきほど話した「核の影」の話がまさにそれです。潜在的に日本に戦争をしかけてきそうな国、日本が直面しそうになる安全保障環境の上では、北朝鮮と中国はどちらも核武装国ですから、これらの国と対峙して彼らの脅しに屈しないようにする場合には、必然的に核エスカレーションのリスクを伴うわけです。

しかし、だからこそ我々も万が一の場合、日本に絶対に核を使わせないためであれば、核を使う覚悟と向き合わなければならないし、あるいは核兵器を使われたとしても我々の覚悟は変わらないんだという強い意志と、実際に立ち向かうだけの能力を持っていなければなりません。核抑止の世界というのは逆説的なところがあって、我々が覚悟を決めるほど、結果的に相手の核の脅しの信憑性が落ちることになり、核の脅威は遠ざかります。逆に、我々があまり関心を持たず無防備のままでいると、むしろそれは相手の思うつぼで、実際に核が使われなくても、「核の影」が伸びてくる中で、核の脅しに屈しやすくなってしまいます。

いずれにしても、核のリスクを遠ざけるために、核のリスクに真剣に向きあう覚悟を決めておかなければならないというのが、今の日本に必要とされていることです。そのために、核兵器の物理的な効果に対する正しい知識を持っておくことが大事だと思いますので、この本が多くの人に読まれてほしいなと思います。

多田　最後に本書の宣伝までしていただいて、ありがとうございます（笑）。

小泉悠（こいずみ・ゆう）

東京大学先端科学技術研究センター専任講師。早稲田大学大学院政治学研究科修了後、民間企業勤務を経て、外務省国際情報統括官組織専門分析員、公益財団法人未来工学研究所研究員等としてロシアの軍事・安全保障政策研究に携わってきた。著書に『「帝国」ロシアの地政学』（東京堂出版、2019年）、『現代ロシアの軍事戦略』（筑摩書房、2021年）、『ウクライナ戦争』（筑摩書房、2022年）など。

村野将（むらの・まさし）

米ハドソン研究所研究員（Japan Chair Fellow）。岡崎研究所や官公庁で戦略情報分析・政策立案業務に従事したのち、2019年より現職。マクマスター元国家安全保障担当大統領補佐官らと共に、日米防衛協力に関する政策研究プロジェクトを担当。専門は日米の安全保障政策、核・ミサイル防衛政策、抑止論など。著書に『新たなミサイル軍拡競争と日本の防衛』（並木書房、共著、2020年）、監訳書に『正しい核戦略とは何か』（ブラッド・ロバーツ、勁草書房、2022年）など。

跋

二〇二一年八月九日、被爆七六周年長崎平和祈念式典において、田上富久長崎市長が、このような言葉で演説を締めくくりました。

「広島が『最初の被爆地』という事実によって永遠に歴史に記されるとすれば、長崎が『最後の被爆地』として歴史に刻まれ続けるかどうかは、私たちがつくっていく未来によって決まります」

これは実に見事な言葉であり、著者は深く感銘を受けました。核兵器の実戦使用を阻止することは、単にそれを願うことによって達成されるのではなく、もっと具体的な我々の努力にかかっているのです。

この「我々」とは、核兵器の専門家や、軍人や、政治家だけを意味するのではありません。核兵器など遠い世界のことだと感じているであろう、一般の方々、文字通り「我々人類全員」を指しています。「専門家に任せていればいい」という考えではなく、「我々ひとりひとりが何をするべきか」を考え続けて、そのための努力を続けなければならないのです。そうでなければ、核兵器の使用を「最後」とすることはできません。そのためには、「核兵器がどんなものかよくわからないが、とりあえず平和を唱えておこう」ではだめで、「核兵器とはどのようなものか」を理解したうえで、具体的に核兵器の何が問題なのかを指摘してこそ、本当の意味での抑止となるのです。

最後になりましたが、本書執筆の声をかけてくださり、その後も辛抱強く編集をしてくださった編集の片倉さん、著者の解説や村野先生と小泉先生のインタヴューを文字の形に起こしてくださったライターの中村さん、イラストレイターの浜畠さん、装幀の吉岡さん、鯉沼さん、インタヴューにて貴重なお話をお伺いさせていただいた村野先生と小泉先生、そして誰よりも、本書を手に取ってくださった読者のみなさんに、感謝の言葉を述べさせていただきます。

ありがとうございました。

多田将

核兵器《かくへいき》入門《にゅうもん》

二〇二三年三月二〇日　第一刷発行

著者　多田将《ただしょう》

発行者　太田克史《おおたかつし》
編集担当　片倉直弥《かたくらなおや》
編集協力　中村俊宏《なかむらとしひろ》

発行所　株式会社星海社
〒一一二-〇〇一三
東京都文京区音羽一-一七-一四　音羽YKビル四階
電　話　〇三-六九〇二-一七三〇
FAX　〇三-六九〇二-一七三一
https://www.seikaisha.co.jp

発売元　株式会社講談社
〒一一二-八〇〇一
東京都文京区音羽二-一二-二一
（販　売）〇三-五三九五-五八一七
（業　務）〇三-五三九五-三六一五

印刷所　凸版印刷株式会社
製本所　株式会社国宝社

アートディレクター　吉岡秀典《よしおかひでのり》（セプテンバーカウボーイ）
デザイナー　鯉沼恵一（ピュープ）
フォントディレクター　紺野慎一《こんのしんいち》
図版　ジェオ
イラスト　浜畠《はまばたけ》かのう
校閲　鷗来堂《おうらいどう》

ISBN978-4-06-530950-6
Printed in Japan

252
SEIKAISHA
SHINSHO

244

旅行の世界史

人類はどのように旅をしてきたのか

森貴史

人類は、旅によって未知の世界に触れることで発展してきた。はるか昔、アレクサンドロス大王の東方遠征は古代秩序を一変させ、大航海時代の冒険者たちは新大陸を発見して大陸間交易のパイオニアとなった。個人レベルでも聖地巡礼や遍歴修行、さらに近世の修学旅行というべきグランドツアーは旅行者の感受性や人格を豊かにしてきたことだろう。そして鉄道や自動車といった旅行のために用意されたテクノロジー、パックツアーやガイドブックといった旅行から派生したビジネスモデルも世界の風景を大きく変えてきた。本書は、紀元前から現代に至る旅行像の変遷を明らかにする。

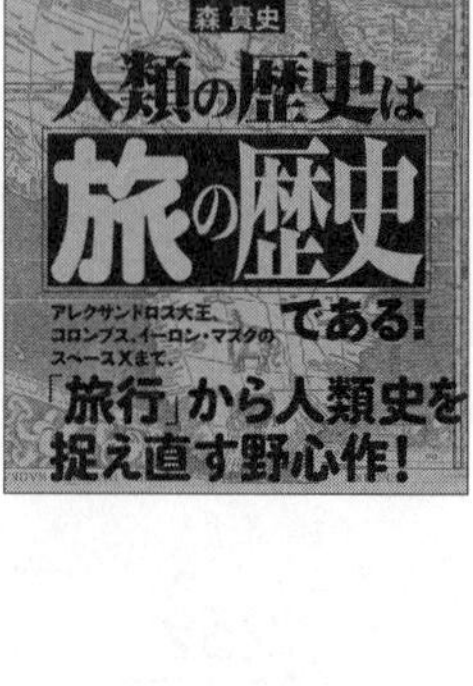

246

大使が語るジョージア

観光・歴史・文化・グルメ

ティムラズ・レジャバ
ダヴィド・ゴギナシュヴィリ

ジョージアという国はヨーロッパとアジアの境界にあり、文明の十字路として古来から豊かな文化と自然を育んできました。今ではその魅力が評価されて世界中から多くの観光客が訪れ、日本でもシュクメルリやジョージアワインといったグルメや、ゲームの世界が現実になったような世界遺産建築で注目されています。しかし、まだ日本で知られていない素晴らしいところがたくさんあります。本書ではその奥深い魅力を、在日ジョージア大使である私ティムラズ・レジャバと、慶應大学と大使館を拠点に活躍する国際政治学者のダヴィド・ゴギナシュヴィリがご案内します。ジョージアへいらっしゃい！

251

電力危機

私たちはいつまで高い電気代を支払い続けるのか？

宇佐美典也

現在、日本の電力事情は危機的状況にある。エネルギー不足を受けて電気代はかつてなく高騰し、電力不足を告げる警報も一度ならず発出されている。日本経済の未来に大きな影響を及ぼしかねないこの惨状は、２０１１年の東日本大震災以降、具体的なビジョンなきままに進められた日本の電力改革が行き着いた必然の結果である。本書では、１世紀以上にわたり発展してきた電力産業の現在までの歩みを概観し、日本が今後直面する危機の実情を明らかにするとともに、エネルギー業界の第一線でコンサルティングを行う著者が実地で練り上げた、今こそ日本が取るべきエネルギー戦略を提案する。

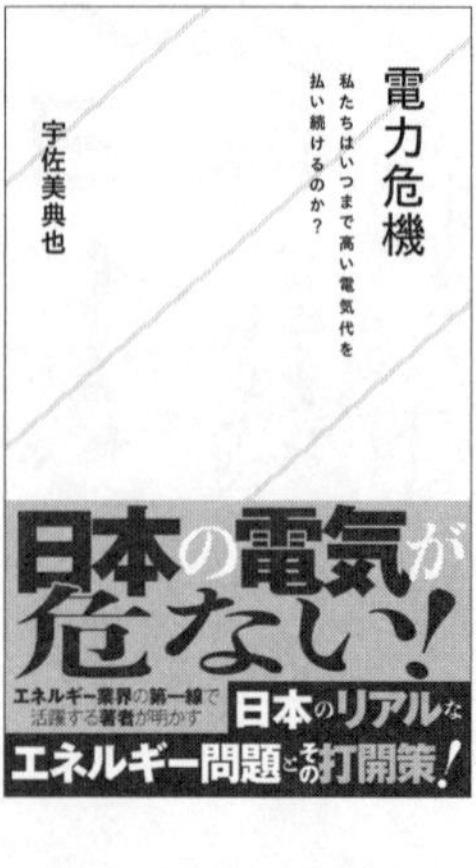

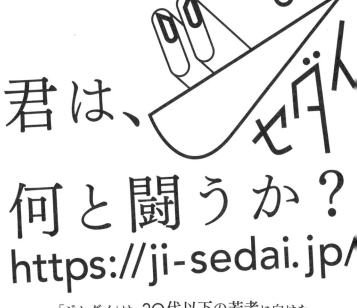

次世代による次世代のための

武器としての教養
星海社新書

星海社新書は、困難な時代にあっても前向きに自分の人生を切り開いていこうとする次世代の人間に向けて、ここに創刊いたします。本の力を思いきり信じて、みなさんと一緒に新しい時代の新しい価値観を創っていきたい。若い力で、世界を変えていきたいのです。

本には、その力があります。読者であるあなたが、そこから何かを読み取り、それを自らの血肉にすることができれば、一冊の本の存在によって、あなたの人生は一瞬にして変わってしまうでしょう。思考が変われば行動が変わり、行動が変われば生き方が変わります。著者をはじめ、本作りに関わる多くの人の想いがそのまま形となった、文化的遺伝子としての本には、大げさではなく、それだけの力が宿っていると思うのです。

沈下していく地盤の上で、他のみんなと一緒に身動きが取れないまま、大きな穴へと落ちていくのか？　それとも、重力に逆らって立ち上がり、前を向いて最前線で戦っていくことを選ぶのか？

星海社新書の目的は、戦うことを選んだ次世代の仲間たちに「武器としての教養」をくばることです。知的好奇心を満たすだけでなく、自らの力で未来を切り開いていくための〝武器〟としても使える知のかたちを、シリーズとしてまとめていきたいと思います。

2011年9月

星海社新書初代編集長　柿内芳文

SEIKAISHA SHINSHO